普通高等教育"十三五"规划教材

电工电子技术仿真与实验

赵 明 主 编

李 云 金 浩 李 晖 副主编

苏晓东 主 审

U0316801

中国铁道出版社有限公司

CHINA RAILWAY PUBLISHING HOUSE CO., LTD.

内 容 简 介

本书是为适应"电工电子学"课程实践教学的发展需求,提高学生实践创新能力而编写的。全书共分 5 章,内容包括电工电子实验基础、Proteus 电路设计仿真基础、电工技术仿真与实验、模拟电子技术仿真与实验、数字逻辑电路仿真与实验等共 18 个基础实验的参考案例。

本书适合作为普通高等学校"电工电子学"课程的实验和实践教材,也可作为高职高专院校相关实习及设计的辅助教材,还可作为相关技术人员的参考用书。

图书在版编目(CIP)数据

电工电子技术仿真与实验/赵明主编. —北京:
中国铁道出版社,2017.1(2021.8 重印)
普通高等教育"十三五"规划教材
ISBN 978-7-113-22476-9

Ⅰ. ①电… Ⅱ. ①赵… Ⅲ. ①电工技术-高等学校-教材②电子技术-高等学校-教材 Ⅳ. ①TM②TN

中国版本图书馆 CIP 数据核字(2016)第 281060 号

书　　名:**电工电子技术仿真与实验**
作　　者:赵　明

策　　划:王文欢　左婷婷　　　　　　　编辑部电话:(010)83527746
责任编辑:左婷婷　彭立辉
封面设计:付　巍
封面制作:白　雪
责任校对:王　杰
责任印制:樊启鹏

出版发行:中国铁道出版社有限公司(100054,北京市西城区右安门西街 8 号)
网　　址:http://www.tdpress.com/51eds/
印　　刷:北京建宏印刷有限公司
版　　次:2017 年 1 月第 1 版　　　2021 年 8 月第 5 次印刷
开　　本:787 mm×1 092mm　1/16　印张:14.5　字数:350 千
书　　号:ISBN 978-7-113-22476-9
定　　价:37.00 元

前　言

　　本书是在总结多年电工电子技术实践教学改革的经验，以加强学生实践能力和创新能力的培养为目标，参考电工电子学相关实验讲义和资料的基础上撰写完成的。本书侧重科学实验方法的指导，加强基本电工电子实验技能的训练，强调学生在整个实验过程中进行参与。全书涵盖了电工技术、模拟电子技术、数字逻辑电路等电工电子技术方面的基础知识，内容丰富充实、系统全面。每个实验按照实验原理、仿真分析、实验内容的顺序编排，通过实验的原理介绍及仿真实验分析，不仅巩固了理论知识，而且使学生在进入实验室前就可以对实验的过程、内容以及结果有了充分的了解。全书共分5章，第1章介绍了实验目的与安全用电、实验基本要求、常用电工电子元器件、测量的基础知识、测量误差分析、实验数据处理方法、实验所涉及的测量仪器仪表及使用方法；第2章介绍了Proteus仿真软件在电工电子学实验中的相关使用方法；第3章编写了叠加定理和戴维宁定理、一阶电路响应、单相交流参数测定及功率因数提高、三相电路、三相异步电动机的控制等5个仿真与实验，同时编写了2个综合仿真实验，在实验学时不足或实验器件无法满足要求时，可以通过仿真实验加强学生对理论知识的理解和掌握；第4章编写了单晶体管放大电路、负反馈放大电路、集成运算放大器信号运算功能、波形发生器的设计、直流稳压电源等5个仿真与实验和1个模拟电子电路综合仿真实验（综合设计仿真实验可以作为仿真实验也可以作为学生综合设计的参考题目）；第5章编写了小规模组合逻辑电路的分析与设计、中规模组合逻辑电路的分析与设计、触发器性能实验、计数器及其应用的仿真与实验等4个仿真与实验和1个数字逻辑电路综合设计仿真实验。大部分实验中都附有实验思考题，供学生在课余时间进行理论研究和开放实验时参考。在本书的附录中编写了2个实验报告案例，为学生撰写实验报告提供参考。

　　本书适合作为普通高等学校"电工电子学"课程的实验和实践教材，也可作为高职高专院校相关实习及设计的辅助教材，还可作为相关技术人员的实验参考用书。

　　本书由赵明任主编，李云、金浩、李晖任副主编。参加本书编写的人员均为哈尔滨商业大学多年从事电工电子基础教学和实验指导的一线教师和实验指导教师。具体编写分工：第1章由张楠、李俊玲编写；第2章由金浩、赵明编写；第3章由李晖编写；第4章由赵明编写；第5章由李云编写；附录由张楠编写。全书由哈尔滨商业大学苏晓东教授主审。

　　由于时间仓促，编者水平有限，书中疏漏与不妥之处在所难免，敬请广大读者批评指正。

编　者

2017年1月3日

目录

第1章 | 电工电子技术实验基础

1.1 概 论

电工电子技术实验教学是"电工电子学"课程教学的重要组成部分，实验教学为每位学生提供了一个综合能力培养的机会。通过实验不仅能巩固所学的理论知识，还可以在实验中发现问题，掌握理论分析与实际电路运行的关系，对培养学生的科学精神、独立分析问题和解决问题的能力都有很好的促进作用。为了使每节实验课都能达到预期的教学效果，每个参加实验的学生都应该了解电工电子技术实验的基础知识。

1.1.1 实验目的与安全用电

1. 实验目的

（1）用实验的方法来验证电路基本理论，以巩固和加深对电路基本理论的学习和理解。

（2）学习并掌握每个实验所涉及的各种仪器、仪表的正确使用方法及主要的技术性能。

（3）培养学生独立连接实验线路、检查和排除电路中简单故障的能力。

（4）培养学生掌握实验方法、测试技术、处理实验数据和分析误差的能力。

（5）培养学生撰写科学严谨、有理论根据、文理通顺和误差分析准确的实验报告的能力。

2. 实验安全用电

实验安全包括人身安全和设备安全。由于实验室采用 220 V/50 Hz 的交流电，当人体直接与动力电的相线（俗称火线）接触时就会遭到电击。每台仪器只有在额定电压下才能正常工作。而对于人体而言，一般安全电压为 36 V，超出该电压时就有可能对人体造成伤害。因此，电工电子学的实际操作实验要求每一个操作者一定要切实遵守实验室的各项安全操作规程，以确保实验过程中的安全。操作者应特别注意以下几点：

（1）不得擅自接通电源。

（2）不得触及带电部分，遵守"先接线后通电源，先断电源后拆线"的操作程序。

（3）发现异常现象（如声响、发热和焦臭味等）应立刻断开电源，并及时报告指导教师。

（4）注意仪器设备的规格、量程和操作规程，不了解性能和使用方法时不得随意使用该仪器设备。

1.1.2 实验基本要求

实验课与理论课相比具有其特殊性。为了实现实验目的，首先需要了解实验操作要求。

1. 实验操作要求

（1）实验预习要求。实验预习是实验顺利进行的关键环节，课前预习需要做到以下几点：

① 熟悉实验室的安全操作规程和管理制度。

② 认真复习实验的相关理论，仔细阅读实验指导书上的相关内容，明确实验目的和意义和实验要求，了解有关元器件的使用方法。

③ 根据实验要求，掌握实验原理，了解实验步骤并画好实验线路图和实验中需要记录的数据表格。

④ 应用 Proteus 软件完成实验的仿真分析。

⑤ 按要求完成预习报告，必须携带实验指导书和预习报告方可进入实验室进行实验。

（2）实验操作要求。实验操作需要做到以下几点：

① 进入实验室后先根据实验内容准备好实验所需的仪器设备和元器件，并合理摆放。

② 按照实验方案和实验步骤的要求先调试电源及检测仪器仪表，然后连接实验电路。

③ 严禁带电接线、拆线或改接线路。实验线路接好，检查无误后方可接通电源进行实验。

④ 若发现异常现象，如发生焦味、冒烟故障，应立即切断电源，保护现场，并报告指导教师，排除故障后再继续实验操作。

⑤ 要认真记录实验数据，独立思考，培养根据实验数据分析实验结果的能力。

⑥ 若发生仪器设备损坏情况，必须立即报告指导教师，并按实验室有关规定进行处理。

⑦ 实验结束时，应将记录结果交给指导教师审阅签字。经指导教师同意后方可拆除线路，清理现场。

（3）实验故障的分析处理。实验过程，不可避免地会出现各种各样的故障现象，产生故障的原因一般可归纳为以下四个方面：

① 操作不当。

② 设计不当。

③ 元器件或仪器设备使用不当。

④ 元器件功能不正常或仪器本身出现故障。

常用的故障分析处理方法有以下几种：

① 直观检查。由于在实验中大部分故障是由布线错误或电路虚接引起的，因此，在故障发生时，复查电路连线为排除故障的首选方法。检查电源线、地线和元器件引脚之间有无短路，连接处有无接触不良或虚接，有无漏线、错线以及导线是否内部断开等。

② 观测法。用万用表或示波器等检测仪器仪表对电路中的某部分电压或波形进行测量，找到故障点。对有极性的元器件（如二极管、晶体管和电解电容器等）检查极性是否接反，然后对故障状态进行分析和排除。

③ 替换法。如果多输入端元器件有未使用端，则可调换另一输入端试用。必要时可更换元器件，以检查是否为元器件功能不正常所引起的故障。

④ 激励响应法。在电路的某一部分或者某一级输入端加上特定信号，观察该部分电路的输出响应，从而确定该部分是否有故障，必要时可以切断周围连线以避免相互影响。

以上检查故障的方法，是指在仪器工作正常的前提下进行的，判断和排除故障应根据课堂所掌握的基本理论和实验原理进行分析和处理。

2. 实验报告要求

实验报告是实验工作的全面总结，是在实验的定性观察和定量测量后，对数据进行整理和分析，去伪存真地对实验现象和结果得出正确的理解和认识。因此，实验报告的撰写需要做到以下几点：

（1）在每次实验之前必须把实验题目、实验目的和意义、实验原理、实验电路图和所有计算值填写在实验报告相应的栏目及表格中。

（2）根据实验原始记录和实验数据处理的要求整理实验数据。将实验中的测量数据按照误差理论的要求进行数据分析和处理，得出实验结论。

（3）绘制的曲线图，应按规定画在坐标纸上，由曲线得出的数据可以在实验后完成。

（4）实验结果分析及实验结论要根据实验结果给出，决不允许按照理论结果伪造实验数据。

（5）总结实验中的故障排除情况及体会。

1.2 常用元器件简介

任何电路都是由元器件构成的。熟悉和掌握各类元器件的性能、特点和适用范围对于完成实验有着十分重要的作用。本节将对电阻器、电容器、电感器、二极管和晶体管等常用元器件作简单介绍。

1.2.1 电阻器

电阻器简称电阻，是电工电子电路中应用最广泛的元器件之一。它在电路中主要是稳定和调节电路中的电压和电流，作放大器的负载，起限流、分流、降压和匹配等作用。

1. 电阻器的符号和种类

电阻器在电路图中用字母 R 表示，基本单位是 Ω（欧），辅助单位有 $m\Omega$（毫欧）和 $k\Omega$（千欧）等。部分常用电阻器的图形符号如图 1.1 所示。

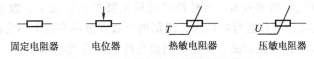

图 1.1 部分常用电阻器的图形符号

电阻器的种类很多，从原理上分为固定电阻器、可调电阻器和敏感电阻器；从制作工艺上分为线绕电阻器、陶瓷电阻器、水泥电阻器、薄膜电阻器、厚膜电阻器和玻璃釉电阻器等；从材料上分为碳膜电阻器、金属膜电阻器、金属氧化膜电阻器和合成膜电阻器；从用途上分为通用电阻器、高压电阻器、高阻电阻器、高频电阻器、精密电阻器和无感电阻器等。

电位器是一种具有 3 个端头且电阻值可调整的电阻器。在使用中，通过调节电位器的转轴，不但能使电阻值在最大与最小之间变化，而且还能调节滑动端头与两个固定端头之间的电压。在电路中，电位器常用作可调电阻器或分压器。

电位器的种类较多，并各有特点。按所使用的电阻材料分为碳膜电位器、碳质实芯电位器、玻璃釉电位器和线绕电位器等。

部分常用电阻器的外形图如图 1.2 所示。

（a）几种普通电阻器

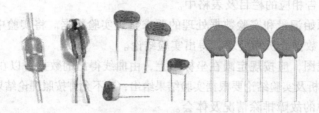

（b）热敏电阻器、光敏电阻器、压敏电阻器

（c）几种电位器

图1.2　部分常用电阻器的外形图

2. 电阻器的参数及识别方法

电阻器的主要性能参数包括额定功率、标称阻值、阻值允许偏差、最高工作电压、温度特性、最高工作温度和高频特性等。

电阻器阻值的标志方法有以下几种：

（1）直标法：在电阻器的表面，将材料类型和主要参数以文字、数字或字母直接标出，阻值的整数部分标在阻值单位符号的前面，阻值的小数部分标在阻值单位符号的后面。

（2）色标法：又称色环表示法，即用不同颜色的色环涂在电阻器上，用来表示电阻器的阻值及误差等级。色环法有两种表示法：一种是阻值为3位有效数字，共5个色环；另一种是阻值为2位有效数字，共4个色环。右侧最后环表示误差，右侧第二环表示倍率，即在有效数字后面乘倍率10^n。五环电阻器各色标颜色所代表的含义如表1.1所示。

表1.1　色环电阻的色标颜色所代表的含义

颜色	第一环	第二环	第三环	倍率	误差
棕	1	1	1	10^1	±1%
红	2	2	2	10^2	±2%
橙	3	3	3	10^3	—
黄	4	4	4	10^4	—
绿	5	5	5	10^5	±0.5%
蓝	6	6	6	10^6	±0.25%

续表

颜色	第一环	第二环	第三环	倍率	误差
紫	7	7	7	10^7	±0.10%
灰	8	8	8	10^8	±0.05%
白	9	9	9	10^9	—
黑	0	0	0	1	—
金	—	—	—	—	±5%
银	—	—	—	—	±10%
无	—	—	—	—	±20%

四环电阻器与五环电阻器的色环表示实例分别如图1.3和图1.4所示。

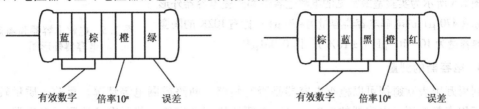

图1.3　四环电阻器的色环表示实例图　　图1.4　五环电阻器的色环表示实例图

图1.3所示的电阻阻值为 61×10^3 Ω，误差为 ±0.5%；图1.4所示的电阻阻值为 160×10^3 Ω，误差为 ±2%。

3. 电阻器的测量

测量电阻器的阻值，通常用万用表的欧姆挡。用指针式万用表欧姆挡时，首先要进行调零，选择合适的挡位，使指针尽可能指示在表盘中部，以提高测量精度。如果用数字万用表测量电阻器的阻值，其测量精度要高于指针式万用表。

需要注意的是相同标称值的电阻器，其额定功率和允许误差可能不尽相同。因此，要根据实际要求来选择最合适的电阻器。

1.2.2　电容器

1. 电容器的符号和种类

电容器是一种储能元器件。在电路中，电容器担负着隔直流、储存电能、旁路、耦合、滤波、谐振和调谐等任务。电容器用符号 C 表示，基本单位是法〔拉〕（F），此外还有 mF（毫法）、μF（微法）、nF（纳法）和 pF（皮法）。它们之间的具体换算关系如下：

$$1 \text{ F} = 1\,000 \text{ mF} = 10^6 \text{ μF}, \quad 1 \text{μF} = 1\,000 \text{ nF} = 10^6 \text{ pF}$$

电容器按结构可分为固定电容器、可变电容器和微调电容器；按介质材料可分为无机固体介质电容器、有机固体介质电容器、电解电容器、气体介质电容器和液体介质电容器。

电容器接入交流电路中时，由于电容器的不断充放电，电容器极板上所带电荷对定向移动的电荷具有阻碍作用，物理学上把这种阻碍作用称为容抗，用字母 X_c 表示，单位为欧〔姆〕，且 $XC = 1/2\pi fC$。

2. 电容器的标注方法

（1）电解电容器。电解电容器有正负极，引脚短的为负极、引脚长的为正极。从电容器侧面可以读出电容器的容值和耐压值。

（2）其他电容器。

① 直接标称法。即用文字、数字和符号直接打印在电容器上，用 2~4 位数字表示电容量的有效数字，再用字母表示数值的量级，带小数点为 μF。

例如，1p2 表示 1.2 pF，3μ3 表示 3.3 μF，0.22 表示 0.22 μF。

② 数码表示法。一般用 3 位数字，前 2 位为容量有效数字，第 3 位是倍率，若第 3 位是 9，表示 $\times 10^{-1}$，单位一律是 pF。例如，103 表示 $10 \times 10^3 = 10^4$ pF $= 0.01$ μF，479 表示 $47 \times 10^{-1} = 4.7$ pF。该表示法往往用于陶瓷电容器，并且还带有表示偏差的字母 K（$\pm 10\%$）和 J（$\pm 5\%$）。

图 1.5 所示为实验室最常见的电解电容器和陶瓷电容器外形图。标有 470 μF 的电解电容器容量为 470 μF；标有 102K 的陶瓷电容器容量为 10×10^2 pF（$\pm 10\%$），即 0.001 μF。

图 1.5　电解电容器和陶瓷电容器外形图

3. 电容器的测量

利用万用表欧姆挡可以检查电容器是否有短路、断路或漏电等情况。目前，质量较好的数字万用表都有测量电容器的功能，可以方便地检测电容器。若要准确地测量电容器，则需要采用专用测量电容器的电桥。

4. 电容器在使用时应注意的问题

（1）电容器在使用前应先进行外观检查，检查电容器引线是否折断，表面有无损伤，型号和规格是否符合要求，电解电容器引线根部有无电解液渗漏等。

（2）电容器两端的电压不能超过电容器本身的工作电压。电解电容器必须注意正、负极性，不能接反。

（3）检测 0.022 μF 以下的小容量电容器，因其容量太小，用指针万用表 $R \times 10$ kΩ 挡，只能定性地检查其是否有漏电、内部短路或击穿现象。测试时表针有轻微摆动，说明良好。

电容器的主要指标包括标称值、耐压大小和允许误差。相同标称值的电容器，其耐压大小和允许误差可能不尽相同。因此，要根据实际要求来选择最合适的电容器。

1.2.3　电感器

电感器简称电感，依照电磁感应原理由绝缘导线（如漆包线或纱包线）绕制而成，是电子电路中常用的元器件之一。电感元件可分为两大类：一类是应用自感作用的电感线圈；另一类是应用互感作用的变压器和互感器等。

1. 电感器的符号和种类

电感器在电路中用字母 L 表示，常用的图形符号如图 1.6 所示。

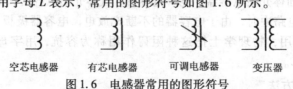

空芯电感器　　有芯电感器　　可调电感器　　变压器
图 1.6　电感器常用的图形符号

电感器的种类很多，按电感量是否可调，可分为固定电感器和可调电感器；按工作频率不同，可分为高频电感器、中频电感器和低频电感器；按工作性质可分为振荡电感器、扼流电感器、偏转电感器、补偿电感器、隔离电感器和滤波电感器等。

常见的几种电感器的外形图如图 1.7 所示。

图 1.7　常见的几种电感器的外形图

2. 电感器的主要性能参数

电感器的主要性能参数有电感量、感抗、品质因数和额定电流等。

（1）电感量。标注的电感量（L）大小表示线圈本身固有特性，主要取决于线圈的匝数、结构及绕制方法。

（2）感抗 X_L。电感器对交流电流阻碍作用的大小称为感抗 X_L，单位是欧［姆］。它与电感量 L 和交流电频率 f 的关系为 $X_L = 2\pi f L$。

（3）品质因数。品质因数也称 Q 值，是衡量电感器质量的一个物理量，Q 为感抗 X_L 与其消耗电能的等效电阻的比值，即 $Q = X_L / R$。电感器的 Q 值越高，回路的损耗越小。

（4）额定电流。对于高频电感器和大功率电感器而言，额定电流是指允许通过电感器的最大直流电流。

3. 电感器的测量

准确地测量电感器的电感量 L 和品质因数 Q，需要用专门测量电感的电桥来进行。一般可用万用表欧姆挡测量电感器的阻值 r_L，并与其技术指标相比较，阻值比规定的阻值小很多，说明存在有局部短路或严重短路的情况；若阻值很大，则表示电感器断路。

相同标称值的电感器，其品质因数、固有电容和额定电流可能不尽相同。因此，要根据实际要求来选择最合适的电感器。

1.2.4　二极管

1. 二极管的结构和特性

二极管是用一个 PN 结作为管芯，在 PN 结的两端加上接触电极引出线封装而成的半导体元器件。

二极管具有单向导电性，可以用于整流、检波、限幅、元器件保护以及在数字电路中作为开关元件等。部分常用二极管外形图如图 1.8 所示。

2. 二极管的种类

二极管按材料不同分为锗二极管、硅二极管和砷化镓二极管；按结构不同分为点接触型二极管和面接触型二极管；按用途分为整流二极管、检波二极管、变容二极管、稳压二极管、开关二极管、发光二极管、压敏二极管、肖特基二极管、快恢复二极管和激光二极管等；按封装形式分为玻璃封装二极管、塑料封装二极管和金属封装二极管等；按工作频率分为高频二极管和低频二极管。

图 1.8　部分常用二极管外形图

3. 二极管的主要性能参数

二极管主要性能参数有最大整流电流 I_F、最高反向工作电压 U_R、反向电流 I_R 以及最高工作频率 f_M 等。实际应用中，应根据电路具体情况，选择满足要求的二极管。

4. 二极管的性能检测

根据二极管单向导电性，通过万用表的二极管挡或者电阻挡（$R \times 1\ k\Omega$ 或 $R \times 100\ \Omega$），分别用红表笔与黑表笔碰触二极管的两个极，表笔经过两次对二极管的交换测量，测量阻值较小，表明为正向电阻，此时黑表笔所接电极为二极管的正极，另一端为负极。通常小功率锗二极管的正向电阻为 $300 \sim 1\ 500\ \Omega$，硅管为几千欧或更大些。锗管反向电阻为几十千欧，硅管在 $500\ k\Omega$ 以上（大功率二极管的数值要大得多）。正反向电阻差值越大越好。

1.2.5　晶体管

1. 晶体管的结构和特性

晶体管也是重要的半导体元器件，是由 2 个 PN 结，3 个电极（发射极、基极和集电极）构成。晶体管放大作用和开关作用的应用促进了电子技术的飞跃发展。

2. 晶体管的种类

晶体管按材料可分为硅管和锗管；按 PN 结的不同构成，可分为 NPN 型和 PNP 型；按结构可分为点接触型和面接触型；按工作频率可分为高频晶体管（$f_T > 3\ MHz$）和低频晶体管（$f_T < 3\ MHz$）；按功率大小可分为大功率晶体管（$P_C > 1\ W$）、中功率晶体管（P_C 在 $0.7 \sim 1$ W）、小功率晶体管（$P_C < 0.7\ W$）；按封装形式可分为金属封装、塑料封装、玻璃封装和陶瓷封装等形式；按用途可分为放大管、开关管、低噪声管和高反压管等。

部分常用晶体管的外形图如图 1.9 所示。

图 1.9　部分常用晶体管的外形图

3. 晶体管的极性判别

（1）直读法。晶体管有 NPN 型和 PNP 型之分，一般管型可从管壳上标注的型号来辨别。依照部颁标准，晶体管型号的第二位（字母），其中 A 代表 PNP 锗管，C 代表 PNP 硅管；其中 B 代表 NPN 锗管，D 代表 NPN 硅管。

常用中小功率晶体管有金属圆壳和塑料封装（半柱型）等外形，其中部分晶体管管极排列方式如图 1.10 所示。

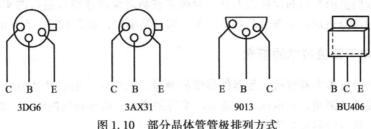

图 1.10　部分晶体管管极排列方式

（2）用万用表电阻挡判别。

① 基极（B）的判别。晶体管的结构可看作两个背靠背的 PN 结，对 NPN 型管基极是两个 PN 结的公共阳极，对 PNP 型管基极是两个 PN 结的公共阴极。基极与集电极、基极与发射极分别是两个 PN 结，它们的反向电阻都很大，而正向电阻都很小，所以用万用表（$R \times 1$ kΩ 或 $R \times 100$ Ω 挡）测量时，先将任一表笔接到假定为 B 的引脚上，另一表笔分别接到其余两个引脚上，如果测得阻值都很大（两大）、换表笔反过来测得阻值都较小（两小），则可断定所认定的引脚是基极；若不符合上述结果，应另换一个引脚重新测试，直到符合上述结果为止。与此同时，根据表笔带电极性判别晶体管的极性：当黑表笔接在基极，红表笔分别接在其他两极测得的电阻值小时，可确定该晶体管为 NPN 型，反之为 PNP 型。

② 集电极（C）及发射极（E）的判别。为使晶体管具有电流放大作用，发射结需加正向偏置，集电结加反向偏置（见图 1.11），以测量引脚在不同接法时的电流放大系数的大小来比较。引脚接法正确时的 β 较接法错误时的 β 大，则可判断出 C 和 E。以 NPN 型管为例，如图 1.12 所示，应以黑表笔接认定的 C，红表笔接认定的 E（若为 PNP 型则反之），将 C、B 两极用大拇指和二拇指捏住（注意：勿使 C、B 短路，此时人体电阻作为 R_B，$I_B > 0$）和断开（相当于 $R_B \to \infty$，$I_B = 0$），观察在上述两种情况下，若差值变化较大，说明集电极电流 $I_C = \beta I_B$ 较大，具有放大作用，则假定的 C、E 是正确的；若差值变化较小，说明所假定的 C、E 不正确，则要将表笔调换位置重新测试一次。

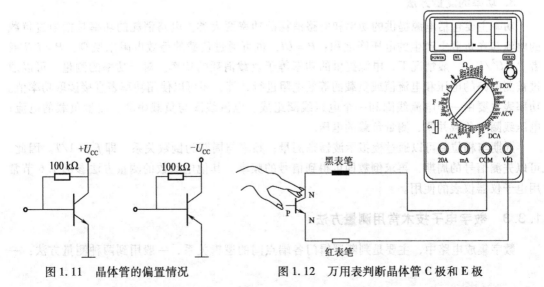

图 1.11　晶体管的偏置情况　　　　图 1.12　万用表判断晶体管 C 极和 E 极

1.3　测量的基础知识

测量是指人们借助专门的设备或工具，为确定被测对象的量值而进行的实验过程。测量的结果通常用两部分表示：一部分是数值，另一部分是单位，如 3.12 V，5.6 mA。

1.3.1　电工电子测量技术的概念

电工电子测量技术主要包括：元器件参数的测量，如电阻、电容及其他电子元器件的参数测量；电路参数的测量，如电压、电流和功率等的测量；信号特性的测量，如频率、相位、频谱、信噪比、信号波形和失真度等的测量。

1.3.2　电工电子技术常用测量方法

1. 电压的测量方法

电压是电路中最基本的参数之一，很多参数，如电流、电压增益和功率等都可以从电压值派生出来。根据被测数据的性质、频率和测量精度等，选择不同的测量仪表。对一般直流电压值，可以用直流电压表或数字万用表的直流电压挡直接测得电压值。电压表具有高的内阻，测量时必须和被测电路相并联。对于交流信号，应使用电磁式电压表。对于正弦波信号，还可以用指针或数字交流毫伏表直接测得电压有效值。

2. 电流的测量方法

电流的测量方法可分为直接测量法和间接测量法。

（1）直接测量法。即将电流表串联在电路中，进行电流值的测量。测量直流电流通常使用磁电式电流表，测量交流电流主要采用电磁式电流表。应注意电流表的正负接线柱的接法要正确：电流从正接线柱流入，从负接线柱流出；被测电流不要超过电流表的量程；因电流表内阻很小，不允许把电流表直接连到电源的两极上。

（2）间接测量法。即根据被测电路负载上的电压和阻值换算出电流值的方法，如晶体管放大电路测量静态工作点 I_C 时，只需要测量 R_C 两端的电压，然后除以 R_C 的阻值即可。

3. 功率的测量方法

功率主要包括电源提供的功率和电路消耗的功率两大类。电路消耗的功率是指通过负载的电流与在负载上产生的电压降之积：$P = UI$，也可通过负载的等效电阻来换算：$P = I^2R$ 或者 $P = U^2/R$。一般情况下，电源提供的功率等于负载消耗的功率。对于功率的测量，可以通过被测电路的电压和电流值或负载的等效电阻进行计算，还可以使用功率表直接读取功率值。功率表主要由一个电流线圈和一个电压线圈组成，电流线圈与负载串联，测量负载的电流；电压线圈与负载并联，测量负载的电压。

周期与相位差可以通过模拟示波器来测量；频率与周期为倒数关系，即 $f = 1/T$。因此，可以先测信号的周期，再求倒数即可得到信号的频率。其他电参数的测量方法参阅 1.6 节常用电子仪器仪表的使用。

1.3.3　数字电子技术常用测量方法

数字集成电路中，主要是判断逻辑门各端点间的逻辑关系，一般用到两种测量方法：一是静态测量法，主要包括用发光二极管、逻辑笔、万用表和 LED 数码管显示等方法进行逻辑状态的表示；二是动态测量法，使用示波器进行动态波形的显示，用万用表测量电平数值和用逻辑分析仪进行测量等。

1.4　测量误差分析

1.4.1　测量误差的来源

在电工电子技术实验中，由于测量仪器仪表误差、测量方法不完善、测量环境误差及测量人员水平等因素的影响，在测量结果和被测真值之间总存在差别，称为测量误差。

测量误差的来源主要有以下几方面：

（1）仪器仪表误差：由于测量仪器仪表的性能不完善所产生的误差。

（2）使用误差（操作误差）：由于测量过程中对量程等的使用不当造成的误差。

（3）读数误差：由于人的感觉器官限制所造成的误差。

（4）方法误差（理论误差）：由于测量方法不完善和理论依据不严谨等引起的误差。

（5）环境误差：由于受到环境影响所产生的附加误差。

1.4.2　测量误差的分类

1. 系统误差

系统误差是指在相同条件下，多次测量同一量值时误差的绝对值和符号保持不变或按一定规律变化的误差。由于测量仪器本身不完善、测量仪器仪表使用不当、测量环境不同和读数方法不当等引起的误差均属于系统误差。

2. 随机误差（偶然误差）

随机误差是指在测量过程中误差的大小和符号都不固定，具有偶然性。例如，噪声干扰、电磁场的微变和温度的变化等引起的误差均属于随机误差。

3. 过失误差（粗大误差）

过失误差是指在一定测量条件下，测量值明显偏离其真值所形成的误差。例如，读数、记录、数据处理和仪表量程换算的错误等误差。

1.4.3　测量误差的表示方法

1. 绝对误差

绝对误差是指被测量的真值 A_0 与测量值 A 之间的差值，用 ΔA 表示，即

$$\Delta A = A_0 - A \tag{1.1}$$

A_0 一般无法测得，测量中采用高一级标准仪器所测量的 A 值来代替真值 A_0，本书中以理论计算值代替真值。则绝对误差可以表示为

$$\Delta A = A_{计算值} - A_{测量值} \tag{1.2}$$

绝对误差的单位和被测量值的单位相同。

2. 相对误差

相对误差为绝对误差 ΔA 与被测量真值 A_0 之比，一般用百分数形式表示，即

$$r_A = \frac{\Delta A}{A_0} \times 100\% \approx \frac{\Delta A}{A} \times 100\% \tag{1.3}$$

本书采用式（1.4）计算。

$$r_A = \frac{\Delta A}{A_{计算值}} \times 100\% \approx \frac{\Delta A}{A} \times 100\% \tag{1.4}$$

3. 引用误差

引用误差为绝对误差 ΔA 与仪器量程的满刻度值 A_m 的比值，一般用百分数形式表示，即

$$r_m = \frac{\Delta A}{A_m} \times 100\% \tag{1.5}$$

1.5　实验数据处理

1.5.1　测量结果的表示方法

测量数据处理是建立在误差分析的基础上的。在数据处理过程中，通过分析、整理得出正确的实验结论。常用的实验数据处理法包括有效数字法、列表法和图示法。

1. 有效数字法

有效数字是指左边第一个非零的数字开始到右边最后一位数字为止所包含的数字。实验测量结果其实都是近似值，通常是用有效数字的形式来表示的。

2. 列表法

列表法是将在实验中测量的数据填写在经过设计的表格上。简单而明确地表示出各种数据以及数据之间的关系，便于检查对比和分析，这是记录实验数据最常用的方法。

3. 图示法

图示法是将测量的数据用曲线或其他图形表示的方法。图示法简明直观，易显示数据的极值点、转折点和周期性等。也可以从图线中求出某些实验结果。

1.5.2　曲线的处理

测量结果用曲线表示比用数字或公式表示更形象和直观。在绘制曲线时应合理选择坐标和坐标的分度，标出坐标代表的物理量和单位。测量点的数量一般根据曲线的具体形状确定，每个测量点间隔要分布合理，应用误差理论处理曲线波动，使曲线变得光滑均匀符合实际要求。

1.5.3　测量结果的处理

测量结果一般由数字或曲线图来表示，测量结果的处理主要是对实验中测得的数据进行分析，得出正确的结果。

测量中得到的实验数据都是近似数。因此，测量的数据就由可靠数字和欠准数字两部分组

成，统称为有效数字。例如，用量程 100 mA 的电流表测量某支路电流时，读数为 78.4 mA，前面的"78"称为可靠数字，最后的"4"称为欠准数字，则 78.4mA 的"有效数字"是 3 位。在用有效数字记录测量数据时，按以下形式正确表示：

（1）在记录测量数值时，只保留一位欠准数字。

（2）有效数字的位数与小数点无关，小数点的位置权与所用的单位有关。例如，380 mA 和 0.380 A 都是三位有效数字。

（3）大数值与小数值要用幂的乘积的形式表示。例如，61 000 Ω，当有效数字的位数是 2 位时，则记为 $6.1 \times 10^4\,\Omega$，当有效数字的位数是 3 位时，则记为 $6.10 \times 10^4\,\Omega$ 或 $610 \times 10^2\,\Omega$。

（4）一些常数量如 e、π 等有效数字的位数可以按需要确定。

（5）表示相对误差时的有效数字，通常取小数点后 1~2 位，例如，±1%、±1.5% 等。

1.5.4　实验误差分析与数据处理应注意的问题

1. 使用有效数字时要注意以下几点

（1）用有效数字来表示测量结果时，可以从有效数字的位数估计出测量的误差。

（2）有效数字的计数从左侧第一个非"0"数字开始。

（3）多余的有效数字应采取四舍五入原则。

2. 使用表格时要注意以下几点

（1）表格的名称简练易懂。

（2）测量点能够准确地反应测试量之间的关系。

（3）测量值与计算值应明确区分，计算值应注明计算公式（不一定写在表格中）。

（4）制表规范、合理、易读懂，表达的信息要完整。

3. 绘制曲线时要注意以下几点

（1）建立合理的坐标系，应以横坐标为自变量，纵坐标为函数量。

（2）绘制时使用坐标纸，选择与测量数据的精确度相适应的大小与分度。

（3）根据曲线的具体形状选择合理的测量点的数量。

（4）绘制出的曲线要光滑均匀。

1.6　常用电子仪器仪表

函数信号发生器、示波器、万用表和交流毫伏表等是电工电子技术实验中最常使用的电子仪器仪表。本节主要介绍它们的基本组成、主要功能及使用方法。

1.6.1　模拟函数信号发生器/计数器

1. 主要功能

模拟函数信号发生器/计数器的输出可以是正弦波、三角波和方波等基本波形，还可以是脉冲波和锯齿波等非对称波形。

模拟函数信号发生器/计数器主要有控制输出信号的波形、控制函数信号产生的频率、测量并显示输出信号或外部输入信号的频率以及测量并显示输出信号的幅度等功能。

2. 操作面板简介

模拟函数信号发生器/计数器的前操作面板如图 1.13 所示。

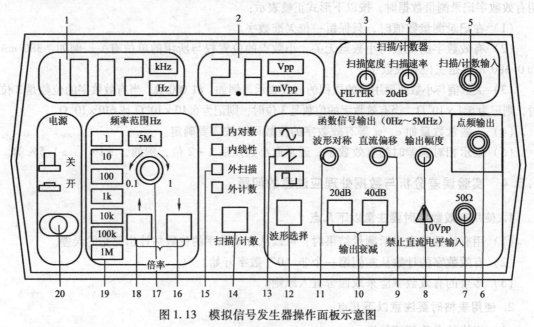

图 1.13 模拟信号发生器操作面板示意图

（1）频率显示窗口：显示外测信号或输出信号的频率，单位由窗口右侧所亮的指示灯确定，Hz 或 kHz。

（2）幅度显示窗口：显示输出信号的幅度，单位由窗口右侧所亮的指示灯确定，mVpp 或 Vpp。

（3）扫描宽度调节旋钮：调节扫频输出的频率范围。在外测频时，将旋钮逆时针旋到底（绿灯亮），此时外输入测量信号经过低通开关进入测量系统。

（4）扫描速率调节旋钮：调节内扫描的时间长短。在外测频时，逆时针旋到底（绿灯亮），此时外输入测量信号经过"20dB"衰减进入测量系统。

（5）扫描/计数输入插孔：当"扫描/计数"键功能选择在外扫描或外计数功能时，此插孔输入外扫描控制信号或外测频信号。

（6）点频输出端：输出 100 Hz、2 Vpp 的标准正弦波信号。

（7）函数信号输出端：输出多种波形受控的函数信号，输出幅度为 20 Vpp（1 MΩ 负载），10 Vpp（50 Ω 负载）。

（8）函数信号输出幅度调节旋钮：调节范围为 20 dB。

（9）函数信号输出直流电平偏移调节旋钮：调节范围为 -5 ~ +5 V（50 Ω 负载），-10 ~ +10 V（1 MΩ 负载）。当电位器关闭（旋钮逆时针旋到底即绿灯亮）时，为 0 电平。

（10）函数信号输出幅度衰减按键："20dB"和"40dB"按键均未按下时，信号不经衰减直接从插孔 7 输出。"20dB"或"40dB"键分别按下时，可衰减 20 dB 或 40 dB。"20dB""40dB"键同时按下时，则衰减 60 dB。

（11）输出波形对称调节旋钮：用来改变输出信号的对称性。当电位器关闭（旋钮逆时针旋到底即绿灯亮）时，输出对称信号。

（12）函数信号输出波形选择按钮：用来选择正弦波、三角波和方波 3 种波形。

（13）波形指示灯：用来分别指示正弦波、三角波和方波。按下波形选择按钮 12，相应的指示灯亮，说明该波形被选定。

（14）"扫描/计数"按钮：用来选择多种扫描方式和外测频方式。

（15）"扫描/计数"指示灯：用来显示所选择的扫描和外测频方式。

（16）倍率选择按钮↓：每按一次此按钮可递减输出频率的 1 个频段。

（17）频率微调旋钮：用来微调输出信号频率，调节基数为：0.1～1。

（18）倍率选择按钮↑：每按一次此按钮可递增输出频率的 1 个频段。

（19）频段指示灯：共 8 个，用来表明当前频段被选定。

（20）整机电源开关：用来接通或关断整机电源。

此外，在后面板上还有：TTL/CMOS 电平调节旋钮（调节旋钮"关"为 TTL 电平，打开则为 CMOS 电平，输出幅度为 5～15 V）；TTL/CMOS 输出插座和电源插座（交流电 220 V 输入插座，内置容量为 0.5 A 的熔丝）。

3. 使用方法

（1）主函数信号输出方法：

① 将信号输出线连接到函数信号输出插座"7"。

② 通过倍率选择按钮"16"或"18"选定输出函数信号的频段，通过频率微调旋钮"17"来调整输出信号的频率，直到所需的频率值。

③ 通过波形选择按钮"12"选择输出函数信号的波形，可分别获得正弦波、三角波和方波。

④ 通过函数信号输出幅度衰减按键"10"和函数信号输出幅度调节旋钮"8"选定和调节输出信号的幅值。

⑤ 若需要输出信号携带直流电平，可通过转动直流偏移旋钮"9"进行调节，此旋钮若处于关闭状态，则输出信号的直流电平为 0，此时输出为纯交流信号。

⑥ 若输出波形对称调节钮"11"关闭，则输出信号为正弦波、三角波或占空比为 50% 的方波。转动此旋钮，可改变输出方波信号的占空比或将三角波调变为锯齿波，正弦波调变为正、负半周角频率不同的正弦波形，最多可移相 180°。

（2）点频正弦信号输出方法：

① 将终端不加 50 Ω 匹配器的信号输出线连接到点频输出端"6"。

② 输出频率为 100 Hz，幅度为 2 Vpp（中心电平为 0）的标准正弦波信号。

（3）内扫描信号输出方法：

① 通过"扫描/计数"按钮"14"选定"内扫描"方式。

② 通过分别调节扫描宽度调节旋钮"3"和扫描速率调节旋钮"4"来获得所需的扫描信号输出。

③ 通过主函数信号输出端"7"和 TTL/CMOS 输出端（位于后面板）均可输出相应的内扫描的扫频信号。

（4）外扫描信号输入方法：

① 通过"扫描/计数"按钮"14"选定为"外扫描"方式。

② 通过"扫描/计数"输入插孔"5"输入相应的控制信号,即可得到相应的受控扫描信号。

(5) TTL/CMOS 电平输出方法:

① 通过转动后面板上的 TTL/CMOS 电平调节旋钮来获得所需的电平。

② 将终端不加 50 Ω 匹配器的信号输出线连接到后面板上的 TTL/CMOS 输出插座即可输出所需的电平。

1.6.2 DDS 函数信号发生器

DDS(Direct Digital Synthesis)函数信号发生器,即直接数字频率合成函数信号发生器,是基于稳定度极高的石英晶体振荡器和计算机技术而发展起来的一种信号发生器。它没有振荡器元器件,而是利用直接数字合成技术产生一连串数据流,再经过 D/A 转换输出一个预先设置的模拟信号。其优点是:输出波形精度高;信号相位和幅度连续无畸变;在输出频率范围内不需要设置频段;频率扫描无间隙地连续覆盖全部频率范围等。本节重点介绍与"电工电子学"课程相关的主要功能和使用方法。

1. 主要功能

DDS 函数信号发生器具有双路输出、调幅输出、门控输出、触发计数输出、频率扫描和幅度扫描等功能。低电平<0.3 V;高电平>4 V。

2. 操作面板简介

DDS 函数信号发生器操作面板示意图如图 1.14 所示。

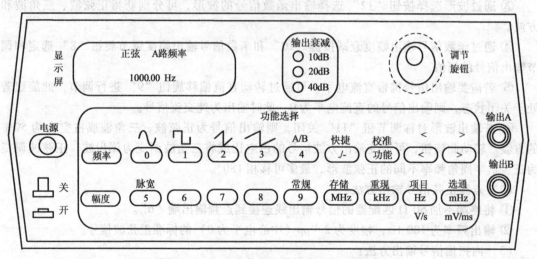

图 1.14 DDS 函数发生器操作面板示意图

DDS 函数信号发生器操作面板包含 1 个调节旋钮、2 个输出端口、3 个幅度衰减开关和电源开关等 20 余个按键。按键都是按下释放后才有效,部分按键功能如下:

(1)"频率"键:频率选择键。

(2)"幅度"键:幅度选择键。

(3)"0"、"1"、"2"、"3"、"4"、"5"、"6"、"7"、"8"、"9"键:数字输入键。

（4）"MHz"／"存储""kHz"／"重现""Hz"／"项目"／"V"／"s"和"mHz"／"选通"／"mV"／"ms"键：双功能键，在数字输入之后执行单位键的功能，同时作为数字输入的结束键（即确认键），其余时候执行"存储""项目""选通""重现"等功能。

（5）"·／−"／"快键"键：双功能键，输入数字时为小数点输入键，其余时候执行"快键"功能。

（6）"＜"／"∧""＞"／"∨"键：双功能键，一般情况下作为光标左右移动键，只有在"扫描"功能时作为加、减步进键和手动扫描键。

（7）"项目"键：子菜单控制键，在每种功能下选择不同的项目，如表1.2所示。

（8）"功能"／"校准"键：主菜单控制键，循环选择5种功能，如表1.2所示。

表1.2 "功能"和"项目"菜单显示表

"功能"（主菜单）键	常规	扫描	调幅	猝发	键控
"项目"（子菜单）键	A路频率	A路频率	A路频率	A路频率	A路频率
	B路频率	始点频率	B路频率	计数	始点频率
	—	终点频率	—	间隔	终点频率
	—	步长频率	—	单次	间隔
	—	间隔	—	—	—
	—	方式	—	—	—

（9）"选通"键：双功能键，在"常规"功能时可以切换周期和频率，幅度峰峰值和有效值，在"扫描""触发""键控"功能时作为启动键使用。

（10）"快键"键：按"快键"后（显示屏上出现"Q"标志），再按"0"／"1"／"2"／"3"键，可以直接选择对应的4种不同波形输出；按"快键"后再按"4"键，可以直接进行A路和B路输出转换。按"快键"后按"5"键，可以调整方波的占空比。

（11）调节旋钮：调节输出的数据。

3. 使用方法

接通电源，显示屏初始化后进入默认的"常规"功能输出状态，显示出当前A路输出波形为"正弦"，频率为"1000.00Hz"。

（1）数据输入方式：

① 数字键输入：通过0~9十个数字键及小数点键向显示区写入数据。数据写入后应按相应的单位键（"mHz""Hz""kHz"或"MHz"）予以确认。此时数据开始生效，信号发生器按照新写入的参数输出信号。例如，设置A路正弦波频率为2.7kHz，其按键顺序是："2"→"."→"7"→"kHz"。

数字键输入法可使输入数据一次到位，因而适合于输入已知的数据。

② 步进键输入：在实际应用中有时需要得到一组几个或几十个等间隔的幅度值或频率值，如果用数字键输入法，就必须反复使用数字键和单位键。为了简化操作，可以使用步进键输入方法，将"功能"键选择为"扫描"，把频率间隔设置为步长频率值，此后每按一次"∧"键，频率增加一个步长值，每按一次"∨"键，频率减小一个步长值，且数据改变后即刻生效，不需要再按单位键。

如设置间隔为12.84kHz的一系列频率值，其按键顺序是：先按"功能"键选"扫描"，再按"项目"键选"步长频率",依次按"1""2"".""8""4""kHz",此后连续按"∧"或"∨"键,即可得到一系列间隔为12.84 kHz的递增或递减的频率值。

注意: 步进键输入法只能在项目选择为"频率"或"幅度"时使用。步进键输入法适合于一系列等间隔数据的输入。

③ 调节旋钮输入:按位移键"<"或">",使三角形光标左移或右移并指向显示屏上的某一数字,左右转动调节旋钮,光标指示位数字连续减1或加1,并能向高位借位或进位。调节旋钮输入时,数字改变后即刻生效。当不需要使用调节旋钮输入时,按位移键"<"或">"使光标消失,转动调节旋钮就不再生效。

调节旋钮输入法适合于需要输入连续变化的数据进行搜索观测或对已输入数据进行局部修改。

(2)"常规"功能的使用。仪器开机后为"常规"功能,显示A路波形(正弦波或方波),否则可按"功能"键选择"常规",仪器便进入"常规"状态。

① 频率/周期的设置。按"频率"键可设置频率。在"A路频率"时通过数字键或调节旋钮输入频率值,此时在"输出A"端口即可输出该频率的信号。例如,设置的频率值为3.5 kHz,按键顺序为:"频率"→"3"→"."→"5"→"kHz"。

频率也可通过周期值进行输入和显示。若当前显示为频率,按"选通"键,即可显示出当前周期值,用数字键或调节旋钮输入周期值。例如,设置的周期值为25 ms,按键顺序是:"频率"→"选通"→"2"→"5"→"ms"。

② 幅度的设置。按"幅度"键可设置幅度。在"A路幅度"时用数字键或调节旋钮输入幅度值,此时在"输出A"端口即可输出该幅度的信号。例如,设置的幅度为3.2 V,按键顺序是"幅度"→"3"→"."→"2"→"V"。

可以通过有效值(VRMS)或峰峰值(VPP)来输入和显示幅度,当项目选择为幅度时,按"选通"键可对两种显示格式进行循环转换。

③ 输出波形选择。若当前选择为A路,按"快键"→"0",输出为正弦波;按"快键"→"1",输出为方波。

方波占空比设置:若当前显示为A路方波,可按"快键"→"5",显示出方波占空比的百分数,用数字键或调节旋钮输入占空比值,"输出A"端口即有该占空比的方波信号输出。

(3)"扫描"功能的使用:

①"频率"扫描。按"功能"键选择"扫描",如果当前显示为频率,则进入"频率"扫描状态,可设置扫描参数,并进行扫描。

- 设置扫描始点/终点频率:按"项目"键,选择"始点频率",用数字键或调节旋钮设置始点频率值;按"项目"键,选择"终点频率",用数字键或调节旋钮设置终点频率值。

  注意: 终点频率值必须大于始点频率值。

- 设置扫描步长:按"项目"键,选择"步长频率",用数字键或调节旋钮设置步长频率值。扫描步长小,扫描点多,测量精细,反之则测量粗糙。

- 设置扫描间隔时间:按"项目"键,选择"间隔",用数字键或调节旋钮设置间隔时间值。

- 设置扫描方式:按"项目"键,选择"方式",在显示屏中会显示出"正扫描方式"

"逆扫描方式""单次正扫描方式"和"往返扫描方式"4 种扫描方式以供选择。其中，按"0"键，选择为"正扫描方式"（扫描从始点频率开始，每步增加一个步长值，到达终点频率后，再返回始点频率重复扫描过程）；按"1"键，选择为"逆扫描方式"（扫描从终点频率开始，每步减小一个步长值，到达始点频率后，再返回终点频率重复扫描过程）；按"2"键，选择为"单次正扫描方式"（扫描从始点频率开始，每步增加一个步长值，到达终点频率后，扫描停止。每按一次"选通"键，扫描过程进行一次）；按"3"键，选择为"往返扫描方式"（扫描从始点频率开始，每步增加一个步长值，到达终点频率后，改为每步减小一个步长值扫描至始点频率，如此往返重复扫描过程）。

- 扫描启动和停止：扫描参数设置后，按"选通"键，显示出"F SWEEP"表示频率扫描功能已启动，按任意键可使扫描停止。扫描停止后，输出信号便保持在停止时的状态不再改变。无论扫描过程是否正在进行，按"选通"键都可使扫描过程重新启动。

- 手动扫描：扫描过程停止后，可用步进键进行手动扫描，每按 1 次"∧"键，频率增加一个步长值，每按 1 次"∨"键，频率减小一个步长值，这样可逐点观察扫描过程的细节变化。

② "幅度"扫描。在"扫描"功能下按"幅度"键，显示出当前幅度值。设置幅度扫描参数（如始点幅度、终点幅度、步长幅度、间隔时间，扫描方式等），其方法与频率扫描类同。按"选通"键，显示出"A SWEEP"表示幅度扫描功能已启动。按任意键可使扫描过程停止。

（4）"调幅"功能的使用。按"功能"键，选择"调幅"，"输出 A"端口即有幅度调制信号输出。A 路为载波信号，B 路为调制信号。

① 设置调制信号的频率：按"项目"键选择"B 路频率"，显示出 B 路调制信号的频率，用数字键或调节旋钮可设置调制信号的频率。调制信号的频率应与载波信号频率相适应，一般，调制信号的频率应是载波信号频率的 1/10。

② 设置调制信号的幅度：按"项目"键选择"B 路幅度"，显示出 B 路调制信号的幅度，用数字键或调节旋钮设置调制信号的幅度。调制信号的幅度越大，幅度调制深度就越大。注意：调制深度还与载波信号的幅度有关，载波信号的幅度越大，调制深度就越小，因此，可通过改变载波信号的幅度来调整调制深度。

③ 外部调制信号的输入：从仪器后面板"调制输入"端口可引入外部调制信号。外部调制信号的幅度应根据调制深度的要求来调整。使用外部调制信号时，应将"B 路频率"设置为 0，以关闭内部调制信号。

（5）B 路输出的使用。B 路输出包括 4 种波形（正弦波、三角波、方波和锯齿波），幅度和频率连续可调，但由于精度不高，也不能显示准确的数值，主要用作幅度调制信号以及定性的观测实验。

① 幅度设置：通过"项目"键选择"B 路幅度"，显示出一个幅度调整数字（并非实际幅度值），通过数字键或调节旋钮改变此数字即可改变"输出 B"信号的幅度。

② 频率设置：通过"项目"键选择"B 路频率"，显示出一个频率调整数字（并非实际频率值），通过数字键或调节旋钮改变此数字即可改变"输出 B"信号的频率。

③ 波形选择：若当前输出为 B 路，按"快键"和"0"，B 路输出正弦波；按"快键"

和"2"，B路输出三角波；按"快键"和"1"，B路输出方波；按"快键"和"3"，B路输出锯齿波。

（6）出错显示功能。仪器由于各种原因不能正常运行时，显示屏将会有出错显示：EOP ＊或 EOU ＊等。EOP ＊为操作方法错误显示。EOU ＊为超限出错显示，即输入的数据超过了仪器所允许的范围。

1.6.3　模拟示波器

示波器是一种综合性的电信号测试仪器，其主要特点是：不但可以直接显示出电信号的波形及其变化过程，测量出信号的幅度、频率、脉宽和相位差等，还能观察信号的非线性失真，测量调制信号的参数等。配合各种传感器，示波器还可以进行各种非电量参数的测量。

模拟示波器主要由垂直系统（Y 轴信号通道）、水平系统（X 轴信号通道）、示波管及其电路和电源等组成。

1. 操作面板简介

各种模拟示波器面板的操作方法基本相同，现以双踪示波器为例进行介绍。

双踪示波器的操作面板如图 1.15 所示。

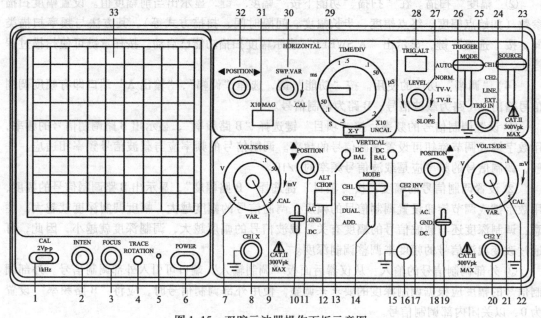

图 1.15　双踪示波器操作面板示意图

（1）示波器校正信号输出端：输出幅度为 2 Vpp，频率为 1 kHz 的方波信号，用于校正 10 : 1 探头的补偿电容器和检测示波器垂直与水平的偏转因数等。

（2）亮度调节钮：调节轨迹或亮光点的亮度。

（3）聚焦调节钮：调节轨迹或亮光点的聚焦。

（4）轨迹旋转：调整水平轨迹与刻度线使之相平行。

（5）电源指示灯：指示电源是否接通。

（6）主电源开关：当按下此开关时，电源指示灯亮，表明电源已接通。

（7）CH1 通道垂直衰减钮：调节垂直偏转灵敏度，调节范围为 5 mV/div ~ 5 V/div，共 10 个挡位。

（8）CH1 通道被测信号输入连接器：在 X-Y 模式下，作为 X 轴输入端。

（9）CH1 通道垂直灵敏度旋钮：微调灵敏度大于或等于 1/2.5 标示值。在校正（CAL）位置时，灵敏度校正为标示值。

（10）CH1 通道垂直系统输入耦合开关：选择被测信号进入垂直通道的耦合方式。其中：AC 为交流耦合；DC 为直流耦合；GND 为接地。

（11）CH1 通道垂直位置调节旋钮：调节显示屏上波形的垂直位置。

（12）交替/断续选择按键：双踪显示时，放开 ALT 按键，通道 1 与通道 2 的信号交替显示，适用于观测频率较高的信号波形；按下 CHOP 按键，通道 1 与通道 2 的信号同时断续显示，适用于观测频率较低的信号波形。

（13）CH1 通道直流平衡调节旋钮：垂直系统输入耦合开关在 GND 时，在 5 mV 与 10 mV 区间反复转动垂直衰减开关，调整 DC BAL 使光迹在零水平线上保持稳定。

（14）垂直系统工作模式开关：CH1——通道 1 单独显示；CH2——通道 2 单独显示；DUAL——两个通道同时显示；ADD——当按下通道 2 的信号反向键 CH2 INV 时，显示通道 1 与通道 2 信号的代数和或代数差。

（15）CH2 通道直流平衡调节旋钮。

（16）GND：示波器机箱的接地端子。

（17）CH2 通道信号反向按键：按下此键，通道 2 及其触发信号同时反向。

（18）CH2 通道垂直位置调节旋钮。

（19）CH2 通道垂直系统输入耦合开关。

（20）CH2 通道被测信号输入连接器。

（21）CH2 通道垂直灵敏度旋钮。

（22）CH2 通道垂直衰减钮。

（23）触发源选择开关：CH1——当垂直系统工作模式开关 14 设置在 DUAL 或 ADD 时，选择通道 1 作为内部触发信号源；CH2——当垂直系统工作模式开关 14 设置在 DUAL 或 ADD 时，选择通道 2 作为内部触发信号源；LINE——选择交流电源作为触发信号源；EXT——选择 TRIG IN 端子输入的外部信号作为触发信号源。

（24）外触发输入端子：用于输入外部触发信号。当使用该功能时，SOURCE 开关应设置在 EXT 位置。

（25）触发方式选择开关：AUTO（自动）——当没有触发信号输入时，扫描处于自由模式；NORM（常态）——当没有触发信号输入时，踪迹处于待命状态并不显示。

（26）触发极性选择按键：释放为"＋"，上升沿触发；按下为"－"，下降沿触发。

（27）触发电平调节旋钮：显示一个同步的稳定波形，并设置一个波形的起始点。向"＋"旋转触发电平向上移，向"－"旋转触发电平向下移。

（28）当垂直系统工作模式开关 14 设置在 DUAL 或 ADD，且外触发输入端子 24 选 CH1 或 CH2 时，按下此键，示波器会交替选择 CH1 和 CH2 作为内部触发信号源。

（29）水平扫描速度旋钮。扫描速度从 0.2 μs/div 到 0.5 s/div 共 20 挡。当设置到 X-Y 位置时，示波器可工作在 X-Y 方式。

（30）水平扫描微调旋钮：微调水平扫描时间，将扫描时间校正到与面板上 TIME/DIV 指示值一致。顺时针转到底为校正（CAL）位置。

（31）扫描扩展开关：按下时扫描速度扩展 10 倍。

（32）水平位置调节钮：调节显示波形的水平位置。

（33）显示屏：显示信号的波形。

2. 双踪示波器的正确调整与操作

正确调整和操作示波器可以提高测量精度和延长仪器的使用寿命。

（1）聚焦和辉度的调整。调整聚焦旋钮使扫描线尽量细，以提高测量精度。调整扫描线使其亮度（辉度）适当，过亮不仅会缩短示波器的使用寿命，而且也会影响聚焦特性。

（2）正确选择触发源和触发方式：

① 触发源的选择：若观测的是单通道信号，则应选择该通道信号作为触发源；若同时观测两个时间相关的信号，则应选择信号周期长的通道作为触发源。

② 触发方式的选择：首次观测被测信号时，应设置触发方式为 AUTO，待观测到稳定信号后，调好其他设置，最后设置触发方式为 NORM，以提高触发的灵敏度。当观测直流信号或小信号时，必须设置触发方式为 AUTO。

（3）正确选择输入耦合方式。一般情况下，若被测信号为直流或脉冲信号，应选择 DC 耦合方式；若被测信号为交流信号，应选择 AC 耦合方式。因此，要根据被观测信号的性质来选择正确的输入耦合方式。

（4）合理调整扫描速度。调节扫描速度旋钮可以改变荧光屏上显示波形的个数。提高扫描速度可减少显示的波形个数；降低扫描速度可增加显示的波形个数。为保证时间测量的精度，显示的波形不应过多。

（5）波形位置和几何尺寸的调整。为获得较好的测量线性，被观测信号的波形应尽可能处于荧光屏的中心位置。正确调整垂直衰减旋钮，尽可能使波形幅度占一半以上，以提高电压测量的精度。

（6）合理操作双通道。若将垂直工作方式设置为 DUAL，则两个通道的波形可以同时显示。为了观察到稳定的波形，可以通过 ALT/CHOP（交替/断续）开关控制波形的显示。若观测频率较高的信号，按下 ALT/CHOP 开关（置于 CHOP），则两个通道的信号将断续地显示在荧光屏上；若观测频率较低的信号，释放 ALT/CHOP 开关（置于 ALT），则两个通道的信号交替地显示在荧光屏上。在双通道显示时，还必须正确选择触发源。当 CH1、CH2 信号同步时，选择任意通道作为触发源，两个波形都能稳定显示，当 CH1、CH2 信号在时间上不相关时，应按下 TRIG. ALT（触发交替）开关，此时每经过一个扫描周期，触发信号交替一次，因而两个通道的波形都能稳定显示。

注意： 双通道显示时，不能同时按下 CHOP 和 TRIG ALT 开关，因为 CHOP 信号成为触发信号而不能同步显示。利用双通道进行时间和相位对比测量时，两个通道必须采用同一同步信号触发。

（7）触发电平调整。通过转动触发电平旋钮可以改变扫描电路预置的阀门电平。若向"＋"方向旋转，则阀门电平向正方向移动；若向"－"方向旋转，则阀门电平向负方向移动；若处在中间位置，则阀门电平设置在信号的平均值上。触发电平过正或过负，均不会产生扫描信号。因此，触发电平旋钮通常应保持在中间位置。

3. 模拟示波器测量实例

（1）周期的测量。

① 将水平扫描微调旋钮置于校正位置，并使时间基线处于水平中心刻度线上。

② 输入被测信号。调节水平扫描速度和旋钮垂直衰减旋钮等，使荧光屏能够稳定显示 1~2 个波形。

③ 选择被测波形一个周期的始点和终点，为方便读数，将始点移动到某一垂直刻度线上。

④ 确定被测信号的周期。信号波形一个周期在 X 轴方向始点与终点之间的水平距离与水平扫描速度旋钮对应挡位的时间之积即为被测信号的周期。

用示波器测量信号周期时，可以测量信号 1 个周期的时间，也可以测量 n 个周期的时间，再除以周期个数 n。后一种方法产生的误差会小一些。

（2）频率的测量。由于信号的频率与周期为倒数关系，即 $f = 1/T$。因此，可以先测信号的周期，再求倒数即可得到信号的频率。

（3）相位差的测量。

① 将水平扫描微调旋钮和垂直灵敏度旋钮置于校正位置。

② 将垂直系统工作模式开关置于 DUAL，并使两个通道的时间基线均落在水平中心刻度线上。

③ 输入两路频率相同而相位不同的交流信号至 CH1 和 CH2，将垂直输入耦合开关置于 AC。

④ 调节相关旋钮，使荧光屏上稳定显示出两个大小适中的波形。

⑤ 确定两个被测信号的相位差。如图 1.16 所示，测出信号波形一个周期在 X 轴方向所占的格数 m（5 格），再测出两波形上对应点（如过零点）之间的水平格数 n（1.6 格），则 u_1 超前 u_2 的相位差角为

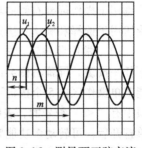

$$\Delta\varphi = \frac{n}{m} \times 360° = \frac{1.6}{5} \times 360° = 115.2° \qquad (1.4)$$

⑥ 相位差角 $\Delta\varphi$ 符号的确定。若 u_2 滞后 u_1，则 $\Delta\varphi$ 为负；若 u_2 超前 u_1，则 $\Delta\varphi$ 为正。

此外，还可以采用 Lissajous 图形法测量频率和相位差角，此处不再赘述。

图 1.16　测量两正弦交流信号的相位差

1.6.4　数字示波器

数字示波器是通过数据采集、A/D 转换、软件编程等一系列技术制造出来的高性能示波器。数字示波器不仅具有多重波形显示、分析和数学运算功能，自动光标跟踪测量功能，波形、设置、CSV 和位图文件存储功能，波形录制和回放功能等，还支持即插即用 USB 存储设备和打印机，并可通过 USB 存储设备进行软件升级等。

1. 数字示波器前面板结构

数字示波器前面板上各旋钮、按键和通道标志的位置及操作方法与传统示波器类似。数字示波器前面板如图 1.17 所示。按功能前面板可分为液晶显示区、功能菜单操作区、常用菜

单区、执行按键区、垂直控制区、水平控制区、触发控制区和信号输入/输出区共八大区。

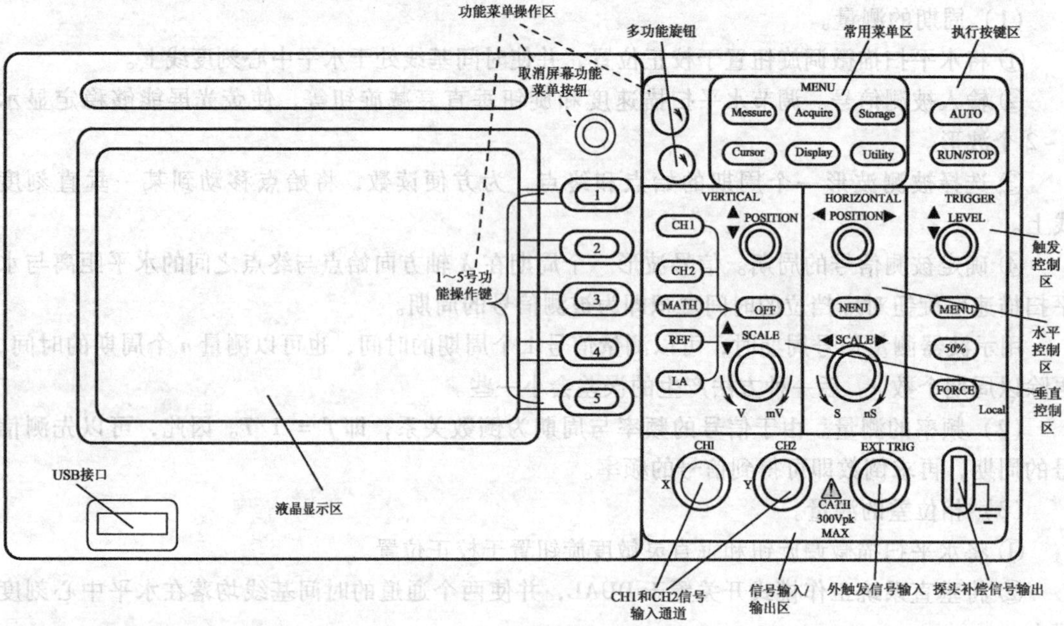

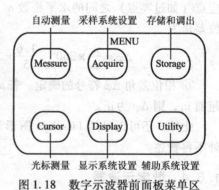

图1.17 数字示波器前面板示意图

2. 数字示波器面板操作系统说明

（1）功能菜单操作区。功能菜单操作区包括5个按键，1个按钮和1个多功能旋钮。5个按键用于操作屏幕右侧的功能菜单及子菜单；按钮用于取消屏幕上显示的功能菜单；多功能旋钮用于选择和确认功能菜单中下拉菜单的选项等。

（2）常用菜单区。常用菜单区如图1.18所示。按下任一按键，屏幕右侧会出现相应的功能菜单。通过功能菜单操作区的5个按键可选定相应功能。功能菜单选项中有"◁"符号的，表明该选项有下拉菜单。下拉菜单打开后，可转动多功能旋钮（↻）选择相应的项目并按下予以确认。功能菜单上、下有↑、↓符号，表明功能菜单一页未显示完，可操作按键上、下翻页。功能菜单中有↻，表明该项参数可转动多功能旋钮进行设置调整。按下取消功能菜单按钮，显示屏上的功能菜单立即消失。

图1.18 数字示波器前面板菜单区

（3）执行按键区。执行按键区如图1.19所示。执行按键区包括AUTO（自动设置）和RUN/STOP（运行/停止）2个按键。按下AUTO按键，示波器将根据输入的信号，自动设置和调整水平、垂直及触发方式等各项控制值，使波形显示达到最佳适宜观察状态。RUN/STOP为运行/停止波形采样按键。运行（波形采样）状态时，按键为黄色；按一下按键，停止波形采样且按键变为红色，这样有利于绘制波形并可在一定范围内调整波形的垂直衰减和水平时基；再按一下，恢复波形采样状态。

注意：应用自动设置功能时，被测信号的频率应大于或等于50Hz，占空比大于1%。

（4）垂直控制区。垂直控制区如图1.20所示。垂直位置 POSITION 旋钮可设置所选通道波形的垂直显示位置。转动该旋钮不但显示的波形会上下移动，且所选通道的"地"（GND）标识也会随波形上下移动并显示于屏幕左状态栏，移动值则显示于屏幕左下方；按下垂直 POSITION 旋钮，垂直显示位置快速恢复到零点（即显示屏水平中心位置）处。垂直衰减 SCALE 旋钮调整所选通道波形的显示幅度。转动该旋钮改变 Volt/div（伏/格）垂直挡位，同时下状态栏对应通道显示的幅值也会发生变化。CH1、CH2、MATH 和 REF 为通道或方式按键，按下某按键屏幕将显示其功能菜单、标志、波形和挡位状态等信息。OFF 键用于关闭当前选择的通道。

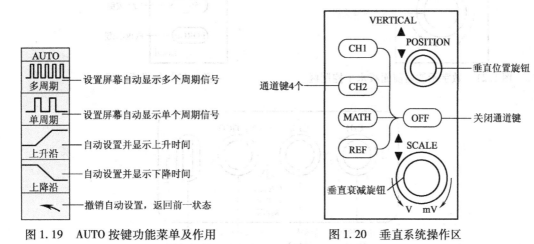

图 1.19　AUTO 按键功能菜单及作用　　　　图 1.20　垂直系统操作区

（5）水平控制区。水平控制区如图1.21所示。水平位置 POSITION 旋钮用来调整信号波形在显示屏上的水平位置，转动该旋钮不仅可以使波形水平移动，而且触发位移标志 T 也可以在显示屏上部随之移动，移动值则显示在屏幕左下角；按下此旋钮触发位移恢复到水平零点（即显示屏垂直中心线位置）处。水平衰减 SCALE 旋钮用来改变水平时基挡位设置，转动该旋钮可以改变 s/div（秒/格）水平挡位，显示屏显示出的波形下状态栏 Time 后显示的主时基值也会发生相应的变化。水平扫描速度为 20 ns ~ 50 s，以 1—2—5 的形式步进。通过水平 SCALE 旋钮可快速打开或关闭延迟扫描功能。按水平功能菜单 MENU 键，显示 TIME 功能菜单，在此菜单下，可开启/关闭延迟扫描，切换 Y（电压）—T（时间）、X（电压）—Y（电压）和 ROLL（滚动）模式，设置水平触发位移复位等。

（6）触发控制区。触发控制区如图1.22所示，主要用于触发系统的设置。转动 LEVEL 触发电平设置旋钮，屏幕上会出现一条上下移动的水平黑色触发线及触发标志，且左下角和上状态栏最右端触发电平的数值也随之发生变化。停止转动 LEVEL 旋钮，触发线、触发标志及左下角触发电平的数值会在约 5 s 后消失。按下 LEVEL 旋钮触发电平快速恢复到零点。按 MENU 键可调出触发功能菜单，改变触发设置。50% 按钮用来设置触发电平在触发信号幅值的垂直中点。FORCE 键主要用来设置触发方式中的"普通"和"单次"模式。

（7）信号输入/输出区。信号输入/输出区如图1.23所示，CH1 和 CH2 为信号输入通道，EXT TRIG 为外触发信号输入端，最右侧为示波器校正信号输出端（输出频率1 kHz、幅值3 V

的方波信号)。

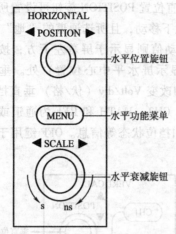

图 1.21 数字示波器前面板水平控制区

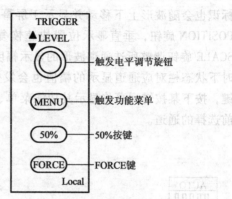

图 1.22 触发系统操作区

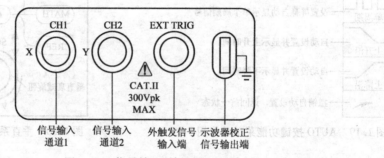

图 1.23 信号输入/输出区

（8）液晶显示区。液晶显示区的功能是在对上述 7 个功能区进行设置和选择时做出相应的显示。

1.6.5 数字万用表

1. 数字万用表的组成和工作原理

数字万用表是采用集成电路的 A/D 转换器和液晶显示屏，将被测量的数值直接以数字形式显示出来的一种电子测量仪表。数字万用表主要由功能转换器、数字显示屏、模拟（A）/数字（D）转换器、电子计数器和功能/量程转换开关等组成。其测量过程如图 1.24 所示。

$$\text{模拟量}\,U_x \rightarrow \boxed{\text{A/D 转换器}} \xrightarrow{\text{数字量}} \boxed{\text{电子计数器}} \rightarrow \boxed{\text{数字显示器}}$$

图 1.24 数字式万用表测量过程图

2. 数字万用表操作面板说明

数字万用表可用来测量交直流电压和电流、电阻、电容、二极管和晶体管的通断测试等参数，其操作面板示意图如图 1.25 所示。

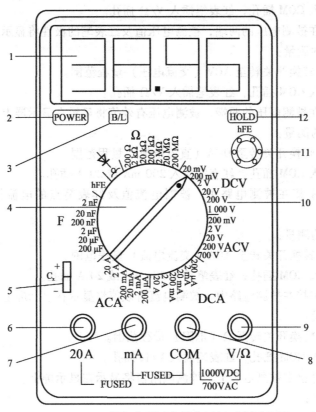

图 1.25　数字式万用表操作面板示意图

（1）数字显示屏：显示数值。

（2）POWER（电源）开关：开启、关闭万用表电源。

（3）B/L（背光）开关：开启、关闭背光灯。

（4）功能/量程转换开关：用于选择测量功能及量程。

（5）C_x（电容）测量插孔：用于放置被测电容。

（6）20 A 电流测量插孔：当被测电流在 200 mA ~ 20 A 范围内时，应将红表笔插入此孔。

（7）小于 200 mA 电流测量插孔：当被测电流小于 200 mA 时，应将红表笔插入此孔。

（8）COM（公共地）：应将黑表笔插入此孔。

（9）V（电压）/Ω（电阻）测量插孔：测量电压/电阻时，应将红表笔插入此孔。

（10）刻度盘：共 8 个测量功能，分别为：Ω 电阻测量功能、DCV 直流电压测量功能、ACV 交流电压测量功能、DCA 直流电流测量功能、ACA 交流电流测量功能、F 电容测量功能、hFE 晶体管 hFE 值测量功能以及 "⊣⊢" 二极管及电路通断测试功能。

（11）hFE 测试插孔：用于测量晶体管 hFE 值。

（12）HOLD（保持）开关：用于保持当前所测量数据。

3. 数字万用表的使用方法

（1）直流电压的测量：

① 将功能/量程转换开关转至 DCV（直流电压）量程范围。

② 将黑表笔插入 COM 插孔，红表笔插入 V/Ω 插孔。

③ 将表笔并接在被测电压的两端，被测电压值及红表笔的极性将显示在显示屏上。

（2）交流电压的测量：

① 将功能/量程转换开关转至 ACV（交流电压）量程范围。

② 将黑表笔插入 COM 插孔，红表笔插入 V/Ω 插孔。

③ 将表笔并接在被测电压的两端，被测电压有效值将显示在显示屏上。

（3）直流电流的测量：

① 将功能/量程转换开关转至 DCA（直流电流）量程范围。

② 将黑表笔插入 COM 插孔，红表笔插入 200 mA 或 20 A 插孔。

③ 将测试表笔串接在被测电路中，被测电流值及红表笔点的电流极性将显示在显示屏上。

（4）交流电流的测量：

① 将功能/量程转换开关转至 ACA（交流电流）量程范围。

② 将黑表笔插入 COM 插孔，红表笔插入 200 mA 或 20 A 插孔。

③ 将测试表笔串接在被测电路中，被测电流有效值将显示在显示屏上。

（5）电阻的测量：

① 将功能/量程转换开关转至 Ω（电阻）量程范围。

② 将黑表笔插入 COM 插孔，红表笔插入 V/Ω 插孔。

③ 将测试表笔并接在被测电阻上，被测电阻值将显示在显示屏上。

（6）电容的测量：

① 将功能/量程转换开关转至 F（电容）量程范围。

② 将被测电容插入 C_x（电容）插孔，被测电容值将显示在显示屏上。

（7）晶体管 hFE 的测量：

① 将功能/量程转换开关置于 hFE 挡。

② 根据被测晶体管的类型（NPN 或 PNP），将发射极 E、基极 B 和集电极 C 分别插入相应的插孔，被测晶体管的 hFE 值将显示在显示屏上。

（8）二极管及通断测试：

① 将功能/量程转换开关置于 "▶⊢"（二极管/蜂鸣）符号挡，红表笔接二极管正极，黑表笔接二极管负极，显示值为二极管正向压降的近似值（0.15 ~ 0.30 V 为锗管；0.55 ~ 0.70 V 为硅管）。

② 测量二极管正、反向压降时，若只有最高位并且均显示 "1"（超量限），则二极管开路；若正、反向压降均显示 "0"，则二极管短路或击穿。

③ 将表笔连接到被测二极管两端，如果内置蜂鸣器发声，则两点之间电阻值低于 70 Ω，电路接通，否则电路断开。

4. 数字万用表的使用注意事项

（1）测量电流时，输入电流不允许超过 20 A。

（2）测量电压时，输入直流电压不允许超过 1 000 V，交流电压有效值不允许超过 700 V。

（3）如果被测直流电压高于 36 V 或交流电压有效值高于 25 V 时，应仔细检查表笔连接是否正确、接触是否可靠以及绝缘是否良好等，以防电击事故的发生。

（4）测量时应选择合适的功能和量程，谨防误操作；切换功能和量程时，表笔应离开测试点；显示值的"单位"与相应量程档的"单位"一致。

（5）若测量前不确定被测量的范围，应先将量程开关置到最高挡，再根据显示值逐步调整到合适的挡位。

（6）测量时若只有最高位显示"1"或"-1"，则表示被测量超过了量程范围，应将量程开关转至较高的挡位。

（7）不允许带电测电阻。即测量电阻时，应先保证被测电路所有电源都已关闭，并且所有电容都已完全放完电，之后才可进行测量。

（8）测电容前，应对被测电容进行充分放电；用大电容挡测漏电或击穿电容时读数将不稳定；测电解电容时，切勿插错正、负极。

（9）显示屏显示 ▱ 符号时，应及时更换 9 V 碱性电池。

1.6.6　数字交流毫伏表

交流毫伏表是用来测量电工、电子实验中交流电压有效值的常用电子测量仪器。其优点是：测量电压范围广、频率宽、灵敏度高和输入阻抗高等。

1.　交流毫伏表的结构特点及面板介绍

双通道交流毫伏表前面板示意图如图 1.26 所示。

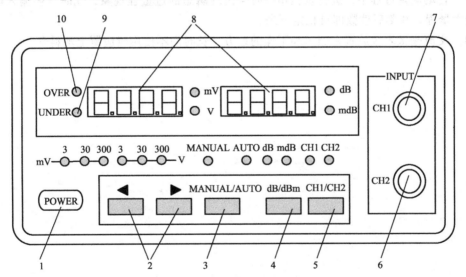

图 1.26　交流毫伏表操作面板示意图

（1）POWER：电源开关。

（2）量程切换按键：进行量程的切换。

（3）AUTO/MANU：自动/手动测量切换选择按键。

（4）dB/mdB：dB 或 mdB 切换选择按键。

（5）CH1/CH2：CH1/CH2 测量范围切换选择按键。

（6）CH2 被测信号输入通道 2。

（7）CH1 被测信号输入通道 1。

（8）显示当前测量通道实测输入信号的电压值，dB 或 mdB 值。

（9）UNDER 欠量指示灯：读数低于 300 时该指示灯闪烁。

（10）OVER 过量程指示灯：读数超过 3999 时该指示灯闪烁。

2. 交流毫伏表的使用方法

电源开关打开后，预热交流毫伏表 15～30 min，然后进入自检状态。自检通过后即进入测量状态。由于测量过程中两个通道均保持各自的测量量程和测量方式，因此选择测量通道时不会更改原通道的设置。

（1）当测量方式为自动测量时，交流毫伏表能根据被测信号的大小自动选择测量量程，同时允许手动方式干预量程选择。这时当量程处于 300 V 挡时，若 OVER 灯亮，表示过量程，输入信号过大，超过了使用范围。此时，电压显示为 HHHHV，dB 显示为 HHHHdB。

（2）当测量方式为手动测量时，可以根据交流毫伏表的提示设置量程。若 OVER 灯亮，应该手动切换到上面的量程测量。若 UNDER 灯亮，表示测量欠量程，应切换到下面的量程测量。

3. 数字交流毫伏表的使用注意事项

（1）测量过程中，切勿长时间输入过量程电压。

（2）测量过程中，切勿频繁地开机和关机。

（3）自动测量过程中，进行量程切换时会出现瞬态的过量程现象，此时只要输入电压不超过最大量程，片刻后读数即可稳定下来。

（4）交流毫伏表应放置在通风和干燥的地方，长时间不使用时应罩上塑料套。

第 2 章 │ Proteus 电路设计仿真基础

从由分立元器件组成的分立电路到现在超大规模的集成电路，从由 8 位单片机执行单线程的简单应用程序到现在的 32 位处理器组成的复杂嵌入式系统软件等，电子技术得到了飞跃式发展。然而，电子技术的发展离不开电路的设计方法和手段的不断更新。尤其是 EDA（Electronic Design Automation）技术的出现，更是促进了电子技术的革新。

Proteus 软件是英国 Labcenter Electronics 公司开发的优秀 EDA 工具软件，具有电路的设计、仿真和 PCB（Printed Circuit Board）电路制板等多种功能，是一款新型电子线路设计与仿真软件。本章首先介绍 Proteus 软件的基本构成、Proteus ISIS 软件的基本操作、虚拟仪器和库元器件的使用方法等内容，然后结合两个具体实例进一步阐述了 Proteus ISIS 软件的仿真方法，为后续实验章节的学习做好准备。

2.1 Proteus 概述

1989 年，英国 Labcenter Electronics 公司开发出 Proteus 软件，该软件不仅能对模拟电路和数字电路进行设计和仿真，还能对常见的微控制器（如 51 单片机、ARM 和 DSP 等）进行设计和仿真。此外，Proteus 软件还具有 PCB 印制电路板的设计功能。

Proteus 软件主要由 Proteus ISIS（Intelligent Schematic Input System）和 Proteus ARES（Advanced Routing and Editing Software）两大部分应用软件组成。Proteus ISIS 是智能原理图输入软件，它可以展现出逼真的仿真界面和动画效果，为后续的 PCB 制板提供了可靠的保证。Proteus ISIS 支持两种仿真模式：交互式仿真和基于图表的仿真。另外，它还支持与第三方软件进行联调的功能，如与 Keil C51 软件联调机制实现对 51 单片机的设计和仿真。Proteus ARES 是具有自动和手动布线功能的 PCB 设计软件。总之，这两部分应用软件包含了 6 大模块：原理图输入模块、混合模型仿真模块、动态元器件库模块、高级布线/编辑模块、处理器仿真模块和高级图形分析模块。

2.1.1 Proteus 软件的安装

Proteus 软件可运行在 Windows 2000/XP/7/8/10 操作系统的环境下。下面以在 Windows 10 操作系统下安装 Proteus 7.5 软件为例说明 Proteus 软件的安装过程，在其他操作系统下安装过程与此类似，这里不再赘述。

双击 Proteus 7.5 软件安装包中的 █ 图标，进入如图 2.1 所示的安装欢迎界面。单击 Next 按钮进入如图 2.2 所示的安装许可协议界面，在此界面中如选择 No 按钮将退出安装，单击 Yes 按钮进入如图 2.3 所示的安装方式选择界面。

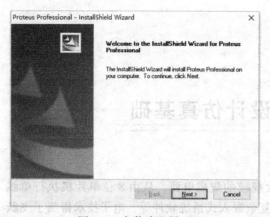

图 2.1　安装欢迎界面

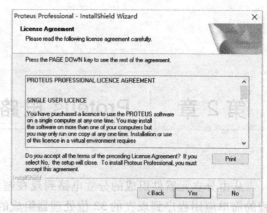

图 2.2　安装许可协议界面

在如图 2.3 所示的安装方式选择界面中提供两种安装方式，选择其一即可：

（1）Use a locally installed License Key：单机版客户端安装选项。

（2）Use a license key installed on a server：网络版客户端安装选项。

选择 Use a locally installed Licence Key 选项，并单击 Next 按钮进入如图 2.4 所示的产品许可密钥界面。如果在此界面上已显示产品密钥的基本信息，单击 Next 按钮进入如图 2.5 所示的安装路径选择界面，否则进入如图 2.6 所示的加载产品密钥界面。

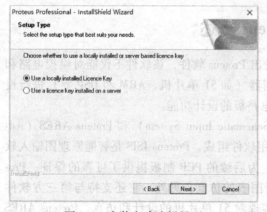

图 2.3　安装方式选择界面

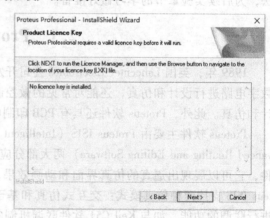

图 2.4　产品许可密钥界面

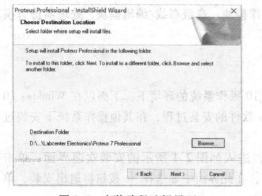

图 2.5　安装路径选择界面

图 2.6　加载产品密钥界面

在如图 2.6 所示的加载产品密钥界面中，单击 Browse For Key File 按钮找到 LICENCE 文件，并单击 Install 按钮。当加载成功后单击 Close 按钮，进入如图 2.5 所示的安装路径选择界面。

在如图 2.5 所示的安装路径选择界面中，如需修改安装路径，单击 Browse 按钮设定软件安装的位置。选择完成之后，单击 Next 按钮进入如图 2.7 所示的安装组件选择界面，该界面提供了 4 种功能组件的复选项，其包括：VSM 仿真功能、PCB 设计功能、辅助工具和转换文件功能。这里选择系统默认组件，单击 Next 按钮进入如图 2.8 所示的安装进度界面。

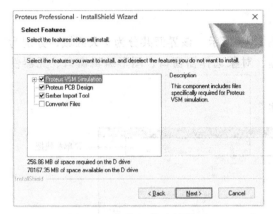

图 2.7　安装组件选择界面

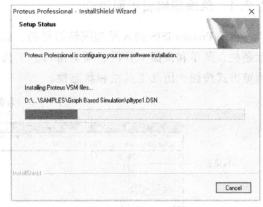

图 2.8　安装进度界面

在如图 2.8 所示的安装进度界面中，可以通过观察进度条的速度来预测软件安装所需的时间。安装完成之后单击 Finish 按钮即可，此时会在 Windows 10 "开始" 菜单的所有应用中出现 Proteus 7 Professional 的菜单项，如图 2.9 所示。

图 2.9　Proteus 7 Professional 的菜单项

2.1.2 Proteus 软件的启动

在如图 2.9 所示的 Proteus 7 Professional 菜单项中，单击 ISIS 7 Professional 选项即可启动
Proteus ISIS，单击 ARES 7 Professional 选项即可启动 Proteus ARES。

2.2 Proteus ISIS 的基本操作

2.2.1 原理图编辑界面简介

启动 Proteus ISIS 进入原理图编辑界面，如图 2.10 所示。该界面共分为 9 大区域，分别为
标题栏、菜单和快捷工具栏、预览窗口、工具箱、对象选择器窗口、图形编辑窗口、元器件
预览方式按钮、仿真工具栏和状态栏。

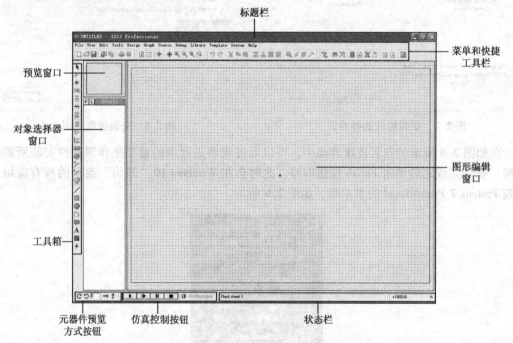

图 2.10　Proteus ISIS 原理图编辑界面

1. 标题栏

标题栏显示当前所设计的原理图文件名称（未命名显示 UNTITLED）和 Proteus ISIS 软件
的名称（ISIS Professional）。

2. 菜单和快捷工具栏

图 2.11 所示的 Proteus ISIS 菜单栏包括 12 个菜单子项：File（文件）、View（视图）、Edit
（编辑）、Tools（工具）、Design（设计）、Graph（图形）、Source（源）、Debug（调试）、Li-
brary（库）、Template（模板）、System（系统）和 Help（帮助）。

菜单栏下面是快捷工具栏，如图 2.11 所示。它为用户提供相应操作的快捷按钮。快捷工

具栏主要由菜单中较为常用的功能组成，可分为 File Toolbar（文件工具）、View Toolbar（视图工具）、Edit Toolbar（编辑工具）和 Design Toolbar（设计工具）四部分。

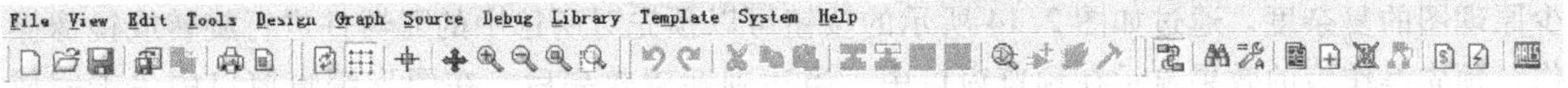

图 2.11　Proteus ISIS 的菜单和快捷工具栏

3. 图形编辑窗口

图形编辑窗口是 Proteus ISIS 软件的核心区域，用于实现放置元器件、连接导线及绘制原理图等功能，它能够非常直观地展现所设计电路的每个细节及仿真结果。

在如图 2.10 所示的图形编辑窗口中存在网格，网格的作用是使原理图中的元器件便于定位和摆放整齐。通过快捷工具栏中的 田 按钮，可以实现网格开启或关闭功能。当开启网格功能时，可以通过 View 子菜单中的选项来设置网格宽度，如图 2.12 所示的方框区域。

若对图形编辑窗口中的原理图进行缩放，可以通过 View 子菜单中的 Zoom In（缩小）、Zoom Out（放大）、Zoom All（显示全部）和 Zoom to Area（区域放大）4 个选项或者通过快捷工具栏中的 按钮来实现。

4. 预览窗口

预览窗口用于显示当前原理图的缩略布局或者正在操作元器件的相关情况。预览窗口分为内框和外框，如图 2.13 所示。当对图形编辑窗口中的原理图进行缩放时，内框会随着缩放比例变大或变小，如果此时在预览窗口中拖动内框并且移动，则会在图形编辑窗口中显示出内框中的内容，重复以上操作就可以细致地浏览原理图中的每个区域。

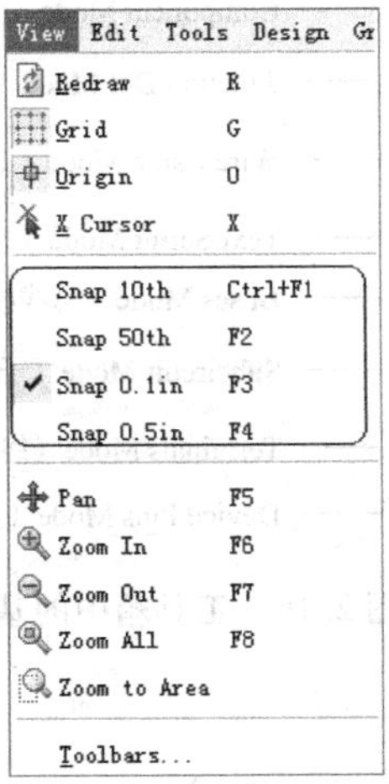

图 2.12　View 子菜单

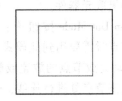

图 2.13　预览窗口

除了显示原理图的缩略布局功能外，预览窗口还可以对单一元器件进行预览功能。该功能满足下列条件之一就可以实现预览功能：

（1）当对元器件进行旋转或镜像操作时。

（2）当在对象选择器中选中某个元器件时。

（3）当为一个可以设置方向的对象选择类型图标时。

若非以上操作，将放弃对单一元器件的预览功能。

5. 元器件预览方式按钮

使用元器件预览方式按钮是为了便于元器件在图形编辑窗口中更合理的放置，尽可能减少原理图的复杂度。通过如图 2.14 所示的按钮可以预先对所选中的元器件进行旋转或镜像操作，预先操作后的效果显示在预览窗口中。当达到期望效果后，在图形编辑窗口中单击完成预览后的元器件放置。此外，当元器件完成放置后，也可对元器件进行二次旋转或镜像操作，该操作是通过右击元器件弹出如图 2.15 所示的下拉菜单来完成的。

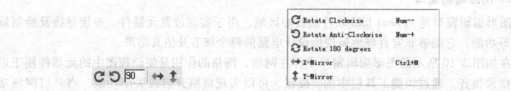

图 2.14　元器件预览方式按钮　　　　图 2.15　下拉菜单中的旋转和镜像选项

6. 对象选择器窗口

电路的原理图是由各种电子元器件所组成的，元器件的选取通过对象选择器窗口来完成。具体元器件的选取操作方法见 2.5 节。

7. 工具箱

工具箱位于 Proteus ISIS 原理图编辑界面的左侧，熟练掌握工具箱有助于提高绘制原理图的效率。Proteus ISIS 的工具箱分为三部分：基本操作工具、仿真工具和 2D 图形工具。

（1）基本操作工具。在如图 2.16 所示的工具箱中列出了基本操作工具，具体的说明如下：

① Selection Mode 按钮 ▸：单击此按钮退出其他工作模式，进入选择模式。在选择模式中可对图形编辑窗口进行一些基本操作，如连线、拖动和删除等。

② Component Mode 按钮 ▹：单击此按钮进入元器件模式，在此模式下可完成以下操作：从对象选择器中选取元器件；选取对象选择器窗口中已有的元器件；从元器件库中提取元器件。

③ Junction Dot Mode 按钮 ╋：当导线与导线间需要放置交叉节点时需要用到此模式。一般情况下，Proteus ISIS 会自动完成节点的放置或删除，但也可以先放置节点，再从该节点处进行连线。

图 2.16　工具箱中的基本操作工具

④ Wire Lable Mode 按钮：单击此按钮进入连线标签模式。在此模式下可以为某些连线放置标签，Proteus ISIS 会自动识别标签且认为标有相同标签的连线具有连接属性。使用该模式可以避免连线过多致使原理图不整洁，进而增加了原理图的可读性。

⑤ Text Script Mode 按钮：单击此按钮进入文本脚本模式，此模式可为原理图提供标注说明及各种信息的记录。

⑥ Buses Mode 按钮 ╫：总线是连接各个部件的一组信号线，分为地址、数据、控制、扩展和局部总线。Proteus ISIS 既支持在层次模块间运行总线，还支持库元器件为总线型引脚。

⑦ Subcircuit Mode 按钮：子电路模式可将复杂的原理图模块化，使原理图的结构更加清晰，便于阅读。

⑧ Terminals Mode 按钮：Proteus ISIS 的终端是指整个电路的输入/输出接口，包括 DEFAULT（默认端口）、INPUT（输入端口）、OUTPUT（输出端口）、DIDIR（双向端口）、POWER（电源）、GROUND（地）和 BUS（总线）。

⑨ Device Pins Mode 按钮：元器件引脚模式可以选择各种期望的引脚进行元器件设计，包括 DEFAULT（普通引脚）、INVERT（反转引脚）、POSCLK（上升沿引脚）、NEGCLK（下降沿引脚）、SHORT（短接引脚）和 BUS（总线引脚）。

（2）仿真工具。在对原理图的仿真过程中需要借助多种仿真工具，如电压表、电流表、示波器和逻辑分析仪等。Proteus ISIS 提供的仿真工具如图 2.17 所示，具体的使用方法将在 2.3 节中详细介绍。

（3）2D 图形工具。在工具箱中 Proteus ISIS 还提供了绘画 2D 图形的基本工具，如图 2.18 所示。使用这些工具可以创建新的元器件及元器件库。2D 图形工具包括：Line Mode（直线模式）、Box Mode（方框模式）、Circle Mode（圆形模式）、Arc Mode（弧线模式）、Closed Path Mode（闭合线模式）、Text Mode（文本模式）、Symbol Mode（符号模式）和 Markers Mode（标注模式）。

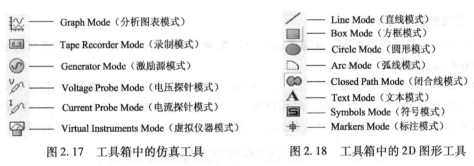

图 2.17　工具箱中的仿真工具　　　　图 2.18　工具箱中的 2D 图形工具

8. 仿真控制按钮

使用如图 2.19 所示的仿真控制按钮可对原理图进行仿真，包括启动按钮、单步按钮、暂停按钮和停止按钮。单击启动按钮，Proteus ISIS 会自动检查原理图的电气属性。如果电气属性正确，单击如图 2.19 所示的"16 Message(s)"区域可以显示电气检查结果的基本情况，并且 Proteus ISIS 会自动进行仿真；如果错误，Proteus ISIS 会停止仿真并在如图 2.19 所示的"16 Message(s)"区域中显示错误的数量，如图 2.20 所示的"2 Error(s)"。单击错误显示区域数量，弹出如图 2.21 所示的错误提示界面，根据错误的提示原因进行修改，修改正确后再次进行仿真。

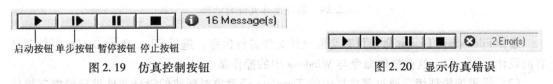

启动按钮 单步按钮 暂停按钮 停止按钮

图 2.19　仿真控制按钮　　　　　　　　图 2.20　显示仿真错误

9. 状态栏

当绘制原理图时，状态栏显示当前光标停留位置的基本信息，包括元器件的名称、电气属性和元器件的坐标，如图 2.22 所示。当对原理图进行仿真时，状态栏显示实际仿真运行的时间和 CPU 负荷情况，如图 2.23 所示。

图 2.21 仿真错误提示界面

| COMPONENT U1, Value=8051, Module=<NONE>. Device=8051.BUS, Pinout=[8051.BUS] | -1400.0 +300.0 th |

图 2.22 绘制原理图时的状态栏

ANIMATING: 0.002958200s (CPU load 1%)

图 2.23 仿真时的状态栏

2.2.2 设置参数

1. 设置编辑环境参数

设置合适的编辑环境参数，使原理图编辑界面满足不同用户的设计需求，进而能够高效地完成各种电路的设计和仿真。

（1）新建、保存和加载设计文件。在 Proteus ISIS 的菜单栏中，选择 File→New Design 命令，弹出如图 2.24 所示的对话框。对话框提供了不同尺寸的模板，如 Landscape A4 表示 A4 大小的模板等。通常选择 DEFAULT（默认）模板，单击 OK 按钮完成设计文件的新建。

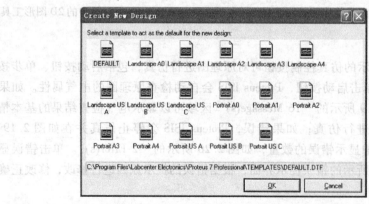

图 2.24 新建设计文件对话框

选择 File→Save Design 命令可对当前设计文件进行保存；选择 File→Open Design 可加载已有的设计文件，以上这些操作命令与 Windows 中的操作基本相同。

（2）设置编辑环境。通过菜单栏中的 Template 子菜单对新建的设计文件进行编辑环境的设置，如模板风格、图表颜色和图形文字格式等。下面介绍一些主要编辑环境参数的设置方法。

① 设置模板风格。选择 Template→Set Design Defaults 命令弹出设置模板风格对话框，如图 2.25 所示。设置内容包括四部分：Colours（模板中各个区域的颜色设置）、Animation（电路仿真时所涉及符号颜色设置）、Hidden Objects（隐藏内容设置）和 Font Face for Default Font（默认字体设置）。

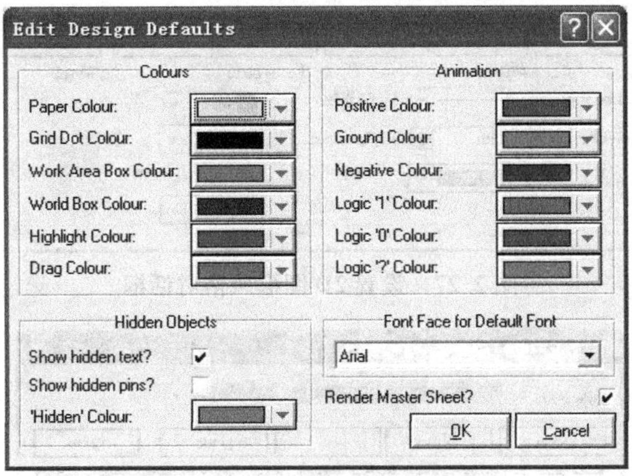

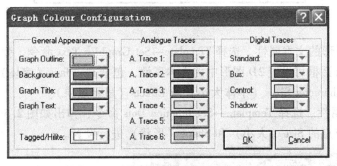

图 2.25　设置模板风格对话框

② 设置模板及图表颜色。选择 Template→Set Graph Colours 命令可对模板及分析图表中所涉及的颜色进行设置。设置模板及图表颜色对话框如图 2.26 所示，包括 General Appearance（模板外观颜色设置，如背景颜色、外轮廓线颜色和标题颜色等）、Analogue Traces（分析图表中的模拟曲线颜色设置）和 Digital Traces（分析图表中的数字曲线颜色设置）三部分。

图 2.26　设置模板及图表颜色对话框

③ 设置 2D 图形风格的属性。2D 图形绘画工具中提供了各种 2D 图形风格。选择 Template→Set Graphics Styles 命令弹出设置 2D 图形风格对话框，如图 2.27 所示。首先在对话框中的 Style 选项中选择需要进行属性设置的 2D 图形风格，然后对选中的 2D 图形风格进行属性设置，设置内容包括 Line Attributes（线属性设置）和 Fill Attributes（背景颜色设置），且在对话框的 Sample 区域中显示设置之后的效果图。此外，也可以通过对话框中的 New 按钮自定义 2D 图形风格，并对新的 2D 图形风格进行属性设置。

④ 设置文本风格的属性。选择 Template→Set Text Styles 命令弹出设置文本风格对话框，如图 2.28 所示。在对话框的 Style 选项中选择需要进行属性设置的文本风格，在对话框中可对该文本风格的 Font face（字体）、Height 和 Width（宽和高）、Colour（颜色）和 Effects（显

示效果）进行设置，同时在 Sample 区域可以预览设置后的效果。此外，也可以自定义文本风格并对该风格进行属性设置。

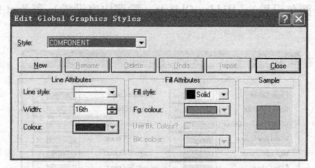

图 2.27 设置 2D 图形风格对话框

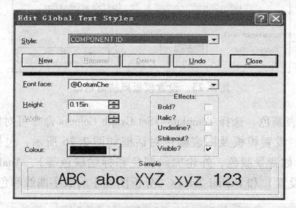

图 2.28 设置文本风格对话框

⑤ 设置 2D 图形的文本属性。选择 Template→Set Graphics Text 命令，弹出如图 2.29 所示对话框。通过此对话框可设置 2D 图形中的文本属性，包括 Font face（字体）、Text Justification（文本的位置）、Character Sizes（字体大小）及 Effects（显示效果）。

⑥ 设置节点属性。选择 Template→Set Junction Dots 命令，弹出如图 2.30 所示对话框。通过此对话框可对节点的 Size（大小）和 Shape（形状）进行设置。

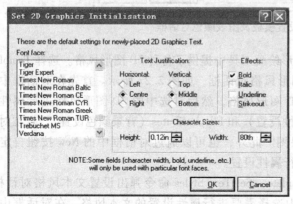

图 2.29 设置 2D 图形的文本属性对话框

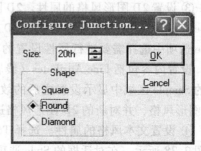

图 2.30 设置节点属性对话框

2. 设置系统参数

System 子菜单主要用于对 Proteus ISIS 的系统参数进行设置，其设置内容包括系统环境、系统路径和图纸大小等参数，如图 2.31 所示。

（1）Set BOM Scripts（设置材料清单脚本）。Proteus ISIS 可以针对相应的原理图生成材料清单，目的是方便用户对所设计的电路进行元器件的统计和成本核算。材料清单的输出格式包括 HT-ML、ASCII、紧凑型 CSV 和普通型 CSV 4 种，此外用户也可以自行添加或删除输出格式。

（2）Set Environment（设置系统环境）。选择 System→Set Environment 命令，弹出如图 2.32 所示对话框，设置内容包括：

① Autosave Time（minutes）：系统自动保存间隔时间（单位为分钟）。

② Number of Undo Levels：可撤销的次数。

③ Tooltip Delay（milliseconds）：菜单栏提示延时时间（单位为毫秒）。

④ Number of filenames on File menu：文件菜单中显示文件名字的数量。

⑤ Auto Synchronise/Save with ARES：是否自动同步/保存 ARES。

⑥ Save/load ISIS state in design files：在设计文件中是否保存/加载 ISIS 状态。

 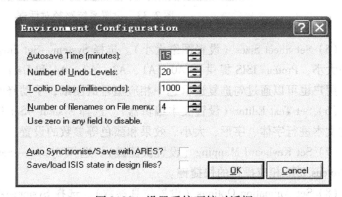

图 2.31　System 子菜单选项　　　　图 2.32　设置系统环境对话框

（3）Set Paths（设置系统路径）。选择 System→Set Paths 命令弹出如图 2.33 所示对话框，其包括以几部分路径的设置：

① Initial Folder For Designs：文件打开和保存的路径。对话框中提供了 3 个可选项（任选其一），分别为 Initial folder is taken from Windows（在当前 Windows 默认位置中）、Initial folder is always the same one that was used last（在上一次使用过的文件夹中）和 Initial folder is always the following（在下面文本框所显示的位置中）。

② Template folders：模板的保存路径。

③ Library folders：库文件的保存路径。

④ Simulation Model and Module Folders：仿真模型和仿真模块的保存路径。

⑤ Path to folder for simulation results：仿真结果的保存路径。

（4）Set Property Definitons（设置属性定义）。选择 System→Set Property Definitons 命令后可以看出 Proteus ISIS 定义的一些属性，这些属性包括 PCB 封装、仿真模型及其他一些基本信息。另外，也可以通过该命令创建新的属性并设置相关参数。

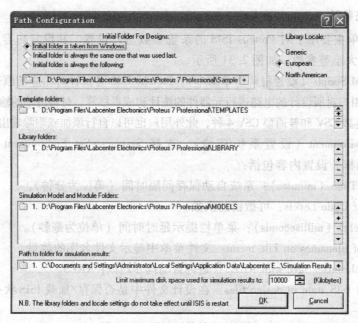

图 2.33　设置系统路径对话框

（5）Set Sheet Sizes（设置图纸大小）。选择 System→Set Sheet Sizes 命令可设置当前设计图纸的大小，Proteus ISIS 提供了 A0、A1、A2、A3、A4 和 User（自定义）6 种型号大小的图纸。用户也可以通过勾选复选框选中相应型号的图纸，手动修改默认图纸的大小。

（6）Set Text Editor（设置文本编辑器）。选择 System→Set Text Editor 命令，通过该命令可以对文本进行字体、字形、大小、效果和颜色等参数的设置。

（7）Set Keyboard Mapping（设置快捷键）。选择 System→Set Keyboard Mapping 命令可以设置 Proteus ISIS 相应操作的快捷键。

（8）Set Animation Options（设置仿真参数）。选择 System→Set Animation Options 命令可以对仿真参数进行设置。具体包括：

① Simulation Speed：仿真速度。设置内容包括 Frames per Second（每秒帧数）、Timestep per Frame（每帧间隔时间）、Single Step Time（单步时间）、Max. SPICE Timestep（最大 SPICE 间隔）和 Step Animation Rate（单步仿真速度）。

② Voltage/Current Ranges：电压/电流范围。设置参数包括 Maximum Voltage（最大电压）和 Current Threshold（电流阈值）。

③ Animation Options：仿真显示设置。设置内容包括 Show Voltage&Current on Probes（是否在探针上显示电压和电流值）、Show Logic State of Pins（是否显示引脚逻辑状态）、Show Wire Voltage by Colour（是否用颜色标注等电位的连线）和 Show Wire Current with Arrows（是否用箭头在连线上标注电流方向）。

④ SPICE Options：仿真器参数设置。设置内容包括 Tolerances（误差）、MOSFET（MOS 管）、Iteration（迭代）、Temperature（温度）、Transient（暂态）和 DSIM（随机数）。

（9）Set Simulator Options（设置仿真器参数）。选择 System→Set Simulator Options 命令与上面提到的 SPICE Options 的设置内容相同，这里不再赘述。

2.3　Proteus ISIS 的虚拟仪器

Proteus ISIS 的虚拟仪器主要由激励源、虚拟测量仪表、探针和分析图表四部分组成。利用虚拟仪器进行电路仿真可以较为真实地模拟实际工作环境，并且能够直观地反映出当前电路的运行状态，因此正确使用 Proteus ISIS 的虚拟仪器是电路仿真的基础。

2.3.1　激励源

Proteus ISIS 提供了直流激励源、正弦波激励源和数字激励源等 14 种激励源，以用于在电路中产生相应的激励信号来驱动电路工作。单击工具箱中的 ◎ 按钮进入激励源模式，该模式提供的激励源如表 2.1 所示。

表 2.1　激励源的种类

名　　称	符　　号	说　　明	名　　称	符　　号	说　　明
DC	? ◁-----	直流信号发生器	AUDIO	? ◁⏸	音频信号发生器
SINE	? ◁∿	正弦波信号发生器	DSTATE	? ◁☐	数字单稳态逻辑电平信号发生器
PULSE	? ◁⊓	脉冲信号发生器	DEDGE	? ◁⌐	数字单边沿信号发生器
EXP	? ◁∿	指数脉冲信号发生器	DPULSE	? ◁Π	单周期数字脉冲信号发生器
SFFM	? ◁∿	单频调频信号发生器	DCLOCK	? ◁ЛЛ	数字时钟信号发生器
PWLIN	? ◁∿	分段线性脉冲信号发生器	DPATTERN	? ◁ЛЛЛ	数字模式信号发生器
FILE	? ◁[🔒]	文件型信号发生器	SCRIPTABLE	? ◁ HDL	脚本化信号发生器

下面将介绍 6 种与本课程相关的激励源的使用方法。

1. DC（直流信号发生器）

在图形编辑窗口中放置直流信号发生器，出现 ? ◁—— 符号。双击该符号弹出如图 2.34 所示对话框。该对话框涉及以下 8 个属性的设置：

（1）Generator Name：信号发生器名称。

（2）Analogue Types：模拟信号发生器类型选择，有 9 种模拟类型可供选择。

（3）Digital Types：数字信号发生器类型选择，有 6 种数字类型可供选择。

（4）Current Source：是否为电流源。

（5）Isolate Before：是否和前段其他电路隔离。

（6）Manual Edits：是否手动编辑信号发生器的相关属性。

（7）Hide Properties：是否隐藏信号发生器的相关属性。

以上属性是所有激励源属性设置对话框中共有的选项，在后续的激励源中将不再赘述。

（8）Voltage（Volts）：信号发生器的电压值，单位为伏［特］（V）。如果选择电流源信号发生器（Current Source 有效），则此属性变为 Current（Amps），单位为安［培］（A）。

本例中的直流信号发生器的参数设置如图 2.34 所示，为了更加直观地观察到直流信号发生器的输出效果，将直流信号发生器的终端连接到模拟分析图表（分析图表的使用方法详见 2.3.4 节），仿真后的输出效果如图 2.35 所示。

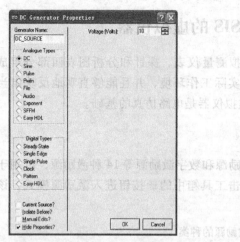

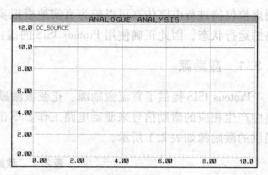

图 2.34　设置直流信号发生器属性对话框　　　图 2.35　直流信号发生器仿真后的输出效果

2. SINE（正弦波信号发生器）

在图形编辑窗口中放置正弦波信号发生器，出现'〜〜'符号。双击该符号弹出如图 2.36 所示对话框。除共有属性选项外，还包括另外的 5 个选项：

（1）Offset（Volts）：正弦波振荡中心电压，单位为伏［特］（V）。

（2）Amplitude（Volts）：电压幅值，单位为伏［特］（V）。该属性包含 Amplitude（幅值大小）、Peak（峰峰值）和 RMS（有效值）3 个选项，任选其一设置即可。

（3）Timing：时间。该属性包含 Frequency（Hz）（频率，单位为赫兹）、Period（Secs）（周期，单位为秒）和 Cycles/Graph（占空比）3 个选项，任选其一进行设置即可。

（4）Delay：相位。该属性包含 Time Delay（Secs）（延迟时间，单位为秒）和 Phase（Degrees）（相位，单位为度）2 个选项，任选其一进行设置即可。

（5）Damping Factor（1/s）：阻尼因子。本例中的正弦波信号发生器的参数设置如图 2.36 所示，将电压幅值为 2 V，频率为 1 Hz 的正弦信号发生器的终端连接到模拟分析图表，仿真后的输出效果如图 2.37 所示。

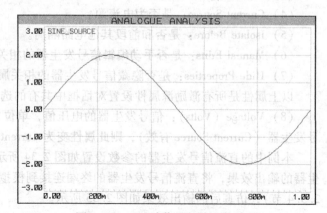

图 2.36　设置正弦波信号发生器对话框　　　　图 2.37　正弦波信号的输出效果图

3. PULSE（脉冲信号发生器）

在图形编辑窗口中放置脉冲信号发生器，出现 ⌇⌇ 符号。双击该符号弹出如图 2.38 所示对话框。除共有属性选项外，还包括以下 7 项属性：

（1）Intial（Low）Voltage：初始低电压。

（2）Pulse（High）Voltage：脉冲高电压。

（3）Start（Secs）：信号起始时间，单位为秒（s）。

（4）Rise Time（Secs）：信号上升时间，单位为秒（s）。

（5）Fall Time（Secs）：信号下降时间，单位为秒（s）。

（6）Pulse Width：脉冲宽度。该属性包含 Pulse Width（Secs）（单位为秒）和 Pulse Width（%）（脉宽占空比）2 个选项，任选其一设置即可。

（7）Frequency/Period：频率/周期。该属性包含 Frequency（Hz）（频率，单位为赫兹）、Period（Secs）（周期，单位为秒）和 Cycles/Graph（占空比）3 个选项，任选其一设置即可。

本例中脉冲信号发生器的参数设置如图 2.38 所示，将电压幅值为 1 V，上升时间和下降时间均为 0.1 ms，频率为 1 kHz，脉宽占空比为 50% 的脉冲信号发生器的终端连接到模拟分析图表，仿真后的输出效果如图 2.39 所示。

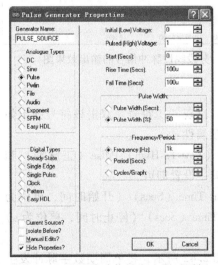

图 2.38　设置脉冲信号发生器对话框

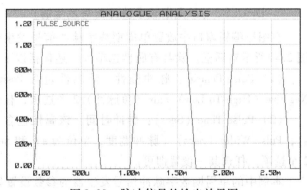

图 2.39　脉冲信号的输出效果图

4. PWLIN（分段线性脉冲信号发生器）

在编辑窗口放置分段线性脉冲信号发生器，出现 ⌇⌇ 符号。双击该符号，弹出如图 2.40 所示对话框。除共有属性选项外，还包括以下 2 项属性：

（1）Time/Voltages：PWLIN 的预览区。在该区域内单击放置电压拐点，并自动在原点与该点之间形成一条直线，然后依次向右移动鼠标并在期望区域再次单击放置拐点，该拐点与上次相邻拐点形成直线，直至完成绘制分段激励源曲线。若在预览区域中已存在的曲线，则可在期望位置上单击添加新拐点，并形成新的曲线。也可以将鼠标放置拐点处，此时鼠标变成十字花型，右击删除该拐点。另外，单击预览区域右上方的 ▲ 按键，可将该预览区域放大，进而便于详细浏览曲线的结构。

（2）Scaling：X Min（横坐标的最小值设置）、X Max（横坐标的最大值设置）、Y Min（纵坐标的最小值设置）、Y Max（纵坐标的最大值设置）和 Minimum rise/fall time（Secs）（最小上升/下降时间，单位为秒）。

本例中的分段线性脉冲发生器的参数设置如图 2.40 所示，将分段线性脉冲发生器的终端连接到模拟分析图表，仿真后的输出效果如图 2.41 所示。

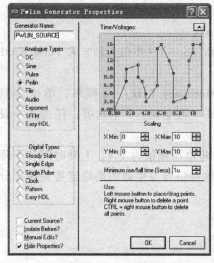

图 2.40　设置分段线性脉冲发生器对话框

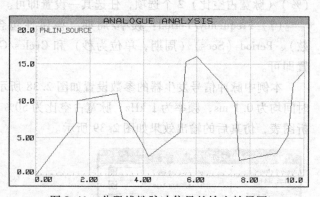

图 2.41　分段线性脉冲信号的输出效果图

5. DPULSE（单周期数字脉冲信号发生器）

在图形编辑窗口中放置单周期数字脉冲信号发生器，出现┆⌐⌐符号。双击该符号弹出如图 2.42 所示对话框。除共有属性选项外，还包括以下 2 项属性：

（1）Pulse Polarity：脉冲极性。该属性包含 Positive（Low-To-High）Pulse（正脉冲）和 Negative（High-To-Low）Puls（负脉冲）2 个选项，任选其一设置即可。

（2）Pulse Time（Secs）：脉冲时间。该属性包含 Start Time（Secs）（开始时间，单位为 s）；Pulse Width（Secs）（脉冲宽度，单位为 s）和 Stop Time（Secs）（停止时间，单位为 s）2 个选项，任选其一设置即可。

本例中的单周期数字脉冲信号发生器的参数设置如图 2.42 所示，将单周期数字脉冲发生器的终端连接到模拟分析图表，仿真后的输出效果如图 2.43 所示。

6. DCLOCK（数字时钟信号发生器）

在图形编辑窗口中放置数字时钟信号发生器，出现┆⌐⌐符号。双击该符号弹出如图 2.44 所示对话框。除共有属性选项外，还包括以下 2 项属性：

（1）Clock Type：时钟类型。该属性包含 Low-High-Low Clock（低-高-低时钟）和 High-Low-High Clock（高-低-高时钟）2 个选项，任选其一设置即可。

（2）Timing：时间。该属性包含 First Edge At（第一个沿出现时间，单位为 s）；Frequency（Hz）（频率，单位为 Hz）和 Period（Secs）（周期，单位为 s）2 个选项，任选其一设置即可。

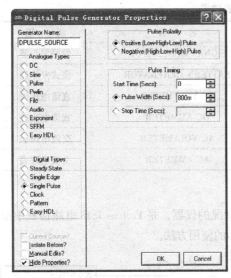

图 2.42　设置单周期数字脉冲信号发生器对话框　　　图 2.43　单周期数字脉冲信号的输出效果图

　　本例中的数字时钟信号发生器的参数设置如图 2.44 所示，将频率为 1 Hz 的数字时钟信号发生器的终端连接到模拟分析图表，仿真后的输出效果如图 2.45 所示。

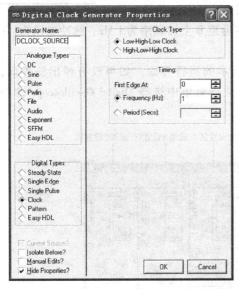

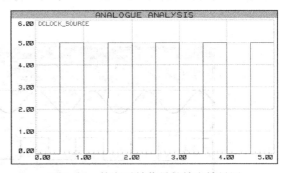

图 2.44　设置数字时钟信号发生器对话框　　　　图 2.45　数字时钟信号的输出效果图

2.3.2　虚拟测量仪表

　　Proteus ISIS 的虚拟测量仪表包括示波器、逻辑分析仪和交直流电压电流表等 12 种虚拟测量仪表，将其连接到电路中可实时地仿真测量电路的运行状态。单击工具箱中的 🖵 按钮进入虚拟测量仪表模式，该模式提供的虚拟测量仪表详见表 2.2。下面介绍 6 种与本课程相关的虚拟测量仪表的使用方法。

表2.2　虚拟测量仪表种类

名　　称	说　　明	名　　称	说　　明
OSCILLOSCOPE	示波器	SIGNAL GENERATOR	信号发生器
LOGIC ANALYSER	逻辑分析仪	PATTERN GENERATOR	模式发生器
COUNTER TIMER	计数/定时器	DC VOLTMETER	直流电压表
VIRTUAL TERMINAL	虚拟终端	DC AMMETER	直流电流表
SPI DEBUGGER	SPI 总线调试器	AC VOLTMETER	交流电压表
I2C DEBUGGER	I^2C 总线调试器	AC AMMETER	交流电流表

1. OSCILLOSCOPE（示波器）

虚拟示波器是用来观察当前电路中某个点波形变化情况的仪器，是 Proteus ISIS 电路仿真中最常用的虚拟仪器。下面通过一个具体实例说明虚拟示波器的使用方法。

（1）在虚拟测量仪表模式下，单击对象选择器中的 OSCILLOSCOPE，则在预览窗口中出现示波器符号，在图形编辑窗口中的期望位置单击，出现示波器符号，如图 2.46 所示。

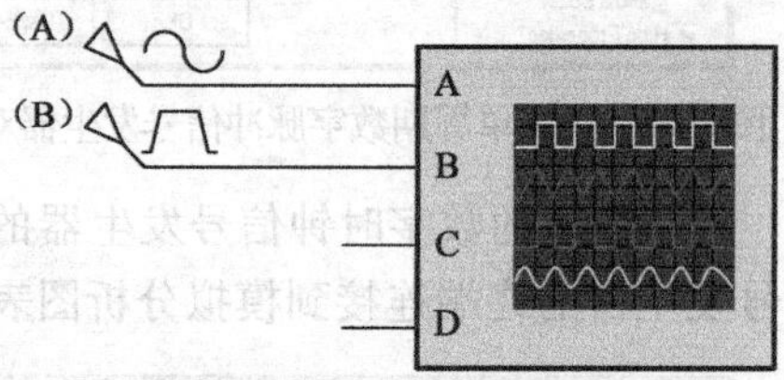

（2）从如图 2.46 所示的示波器符号中可知示波器共有 4 个通道，分别为 A、B、C 和 D。本例在通道 A 上加频率为 1 Hz、幅值为 2 V 的正弦波激励源，而在通道 B 上加频率为 1 Hz、脉冲电压为 1 V 的脉冲激励源。

图 2.46　示波器符号

（3）单击仿真运行按钮 ▶，弹出如图 2.47 所示的运行界面。如果没有弹出该界面，则在运行状态下，在示波器符号上右击，从弹出的快捷菜单中选择 Digital Oscilloscope 命令（见图 2.48），也可以弹出如图 2.47 所示的运行界面。

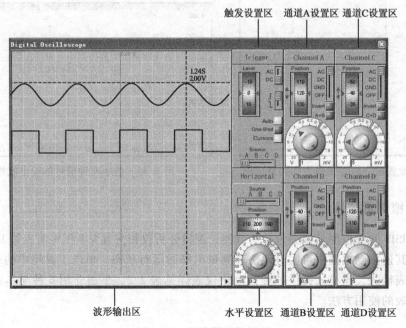

图 2.47　示波器运行界面

（4）图 2.47 所示的界面由 7 个区域组成，分别为：Trigger（触发设置区）、Horizontal（水平设置区）、Channel A（通道 A 设置区）、Channel B（通道 B 设置区）、Channel C（通道 C 设置区）、Channel D（通道 D 设置区）和 Waveform Output（波形输出区）。各设置区域的详细介绍如下：

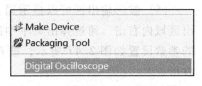

图 2.48 右键单击示波器弹出的部分下拉菜单选项

① Channel A ~ Channel D 四个通道设置区的功能界面相同，以通道 A 为例进行说明。

- Position（位置）旋钮：用于调节该通道波形在波形输出区域的垂直位置。
- 耦合开关：位于 Position 旋钮右边。其中，AC 为交流耦合，DC 为直流耦合，GND 为接地，OFF 为关闭耦合。
- Invert 按钮：实现将该通道的波形进行反转后输出的功能。
- 电压轴拨轮：位于 Position 旋钮下边。用于调整波形输出区域每一纵轴格子所代表的电压值，调整范围为 2 mV ~ 20 V。拨轮分为外拨轮和内拨轮，外拨轮是粗调拨轮，内拨轮为微调拨轮（如需关闭内拨轮，需将内拨轮的刻度指向右侧 2 的位置）。
- A + B 和 C + D 按钮：分别位于通道 A 和通道 C 中。用于实现将通道 A 和通道 B 或将通道 C 和通道 D 的波形进行叠加之后显示在输出区域的功能。

② Horizontal（水平设置区）：

- 设置 Source（参考源）选项：用于设置在输出区域中显示波形的相对参考位置，包括水平、A ~ D 五个不同的选项，通常默认为水平选项即可。
- Position（位置）旋钮：用于调节所有在波形输出区域波形的水平位置。
- 时间轴拨轮：位于 Position 旋钮下边。用于调整波形输出区域每一横轴格子所代表的时间值，调整范围为 0.5 μs ~ 200 ms。拨轮分为外拨轮和内拨轮，外拨轮是粗调拨轮，内拨轮为微调拨轮（如需关闭内拨轮，需将内拨轮的刻度指向右侧 0.5 的位置）。

③ Trigger（触发设置区）：

- Level（水平）拨轮：用于调节水平参考线的位置。
- Cursors 按钮：用于测量输出波形上的任意位置距离原点的横纵坐标值。具体测量方法如下：选中 Cursors 按钮，在所测波形的期望位置上单击，此时显示出该位置的横纵坐标值，通过坐标值可以计算出波形的周期和幅值的大小，如图 2.47 所示。
- 设置 Source（触发源）选项：可将触发源设置在通道 A ~ 通道 D 中的任意一通道上。
- 触发方式设置按钮：涉及两个互斥的按钮，分别为 Auto（输出波形自动刷新）和 One-Shot（单次捕捉后保持）。

此外，该设置区还包括触发信号及触发沿的设置选项，分别如图 2.49（a）和（b）所示。

（a）触发信号的设置　　　　　　　　　　（b）触发沿的设置

图 2.49 触发信号及触发沿的设置

（5）波形输出区可以显示通道 A ~ 通道 D 中的一路或者多路的输入波形。也可以在输出区域内右击，通过弹出菜单中的选项实现清除光标及打印等功能。本例中所涉及示波器的参数设置如图 2.47 所示，故在通道 A 中显示出正弦波形，而在通道 B 中显示出脉冲波形。

2. SIGNAL GENERATOR（信号发生器）

信号发生器可以产生方波、锯齿波、三角波和正弦波 4 种激励源，并且提供幅值和频率的调制输入/输出。下面通过一个实例说明信号发生器的使用方法。

（1）在虚拟测量仪表模式下，单击对象选择器中的 SIGNAL GENERATOR，在预览窗口出现信号发生器的符号，在图形编辑窗口中的期望位置单击，放置信号发生器，如图 2.50 所示。信号发生器包括 4 个引脚，分别为：" + " 和 " – "（信号输出端）、AM 和 FM（引脚接不同的电路分别可以实现调幅波和调频波功能）。如果不需要调幅和调频功能，只需将两个引脚悬空即可。本例将信号发生器的 " + " 端接到示波器的通道 A，且 " – " 端接地，而 AM 和 FM 两引脚悬空，如图 2.50 所示。

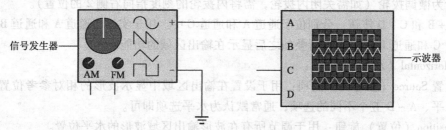

图 2.50   信号发生器与示波器连接图

（2）单击仿真按钮，弹出如图 2.51 所示的信号发生器控制面板，它由频率控制、幅值控制、波形控制和极性控制 4 部分组成。

① 频率控制：由 Centre 微调旋钮和 Range 粗调旋钮两个旋钮组成。实际输出频率应为微调与粗调的数值乘积，并将输出频率值显示在 Centre 下方的数字显示区域。在如图 2.51 所示的界面中，Centre 为 10，Range 为 1 kHz，故当前输出信号的频率为 10 kHz。

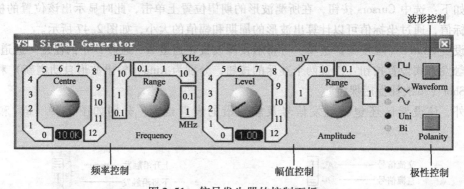

图 2.51   信号发生器的控制面板

② 幅值控制：由 Level 微调旋钮和 Range 粗调旋钮两个旋钮组成。实际输出的峰—峰值应为微调与粗调的数值乘积，并将峰—峰值显示在 Level 的下方的数字显示区域。在如图 2.51

所示的界面中，Level 为 1，Range 为 1 V，故当前输出信号的峰—峰值为 1 V。

③ 波形控制：单击 Waveform 按钮实现对输出波形的切换。信号发生器共有方波、锯齿波、三角波和正弦波 4 种波形的输出形式。

④ 极性控制：单击 Polarity 按钮实现 Uni（单极性）电路和 Bi（双极性）电路的切换。本例选择正弦波双极性输出。

（3）设置示波器的参数如图 2.52 所示，从示波器中输出区域可以观察到信号发生器输出的是正弦波波形。如果没有弹出该界面，则在运行状态下右击示波器符号从弹出的下拉菜单中选择 Digital Oscilloscope 命令，也可以弹出如图 2.52 所示的运行界面。

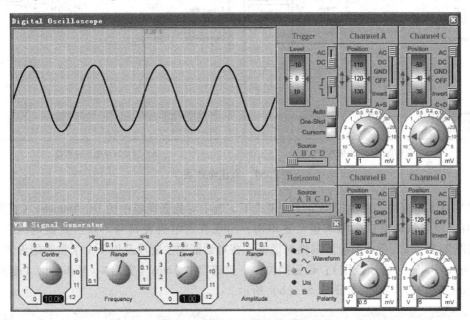

图 2.52　信号发生器的输出波形

3. Voltmeter and Ammeter（电压表和电流表）

在虚拟测量仪表模式下，Proteus ISIS 提供了 AC Voltmeter（交流电压表）、AC Ammeter（交流电流表）、DC Voltmeter（直流电压表）和 DC Ammeter（直流电流表）4 种电表，符号如图 2.53 所示。下面将电压表和电流表各举一例说明电表的使用方法，其他电表的使用方法与此类似。

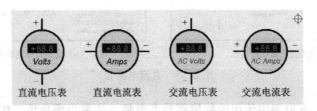

图 2.53　直流电表和交流电表

（1）直流电压表。在虚拟测量仪表模式下，选中对象选择器中的 DC Voltmeter（直流电压表），且在图形编辑窗口中的期望位置单击，出现直流电压表符号。双击直流电压表符号，弹出如图2.54（a）所示的设置属性对话框。在对话框中主要涉及以下2个参数的设置：

① Display Range（显示范围）：设置挡位，下拉选项由 Volts（伏特）、Millivolts（毫伏）和 Microvolts（微伏）构成，如图2.54（b）所示。

② Load Resistance（负载电阻）：设置电表内阻，默认为100 MΩ。

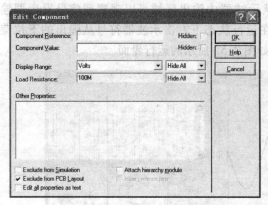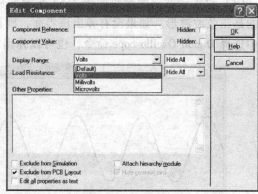

(a) 设置直流电压表属性对话框   (b) 设置直流电压表挡位

图2.54 直流电压表

（2）直流电流表。在虚拟测量仪表模式下，选中对象选择器中的 DC Ammeter（直流电流表），且在图形编辑窗口中的期望位置单击，出现直流电流表符号。双击直流电流表符号，弹出如图2.55（a）所示的设置属性对话框。在对话框中主要涉及以下1个参数的设置：

Display Range（显示范围）：设置挡位，下拉选项由 Amps（安培）、Milliamps（毫安）和 Microamps（微安）构成，如图2.55（b）所示。

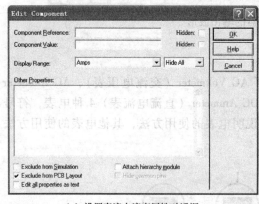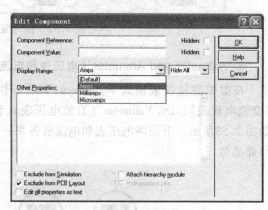

(a) 设置直流电流表属性对话框   (b) 设置直流电流表挡位

图2.55 直流电流表

需要注意的是，在电表中读出的数值都是有效值。如果出现负值，则说明该表的极性接反了。

2.3.3　Probe（探针）

为了方便地测量电路中某点的电位或者某条支路的电流，Proteus ISIS 提供了电压探针和电流探针。下面通过一个具体实例说明探针的使用方法。

1. 放置电压和电流探针

（1）单击工具箱中的 Voltage Probe Mode（电压探针模式）或 Current Probe Mode（电流探针模式），若将鼠标移至编辑窗口中会变成笔的形状，说明 Proteus ISIS 已处于放置探针状态。

（2）将鼠标移至电路中连线的期望位置（需要注意的是，不要将鼠标放置在元器件的引脚上），当鼠标变成十字花形时，单击完成探针的放置，同时系统会自动为该探针命名。

（3）单击探针符号弹出属性设置对话框，通过对话框可以设置探针的属性，例如修改命名等如图 2.56 所示。

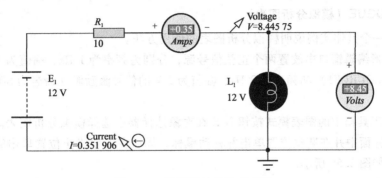

图 2.56　使用探针的仿真电路

2. 电路的仿真

单击仿真运行按钮，电压探针的电位显示为 8.44575 V，电流探针的电流显示为 0.351906 A，这些数值与如图 2.56 所示的电表所显示的数值是一样的（数值可保留小数点后两位有效数字）。如果发现电流的数值为负值，说明实际方向与参考方向相反，可通过在编辑状态下水平镜像旋转电流探针改变电流的参考方向，再次进行仿真则可使电流探针的数值变为正值。

说明：（1）正文涉及的仿真电路的图形符号与国家标准图形符号对照表参见附录 C。

（2）为了表述及学生阅读方便，全文的统一性，正文中涉及的仿真电路中图形符号的数字及正斜体采用与国家标准原理图一致的形式。软件界面中涉及的仿真图形符号命令或选项不做修改，具体操作时，可根据软件的功能编注。

2.3.4　分析图表

虚拟测量仪表和探针的相同之处是当仿真结束后仿真结果也随之消失，无法进行保存及打印等分析要求。因此，Proteus ISIS 又提供了一种基于分析图表的仿真方法，这种方法可以根据电路中的参数生成各种波形，并以图表的形式保存下来，便于后期的分析和打印。

单击工具箱中的图表模式按钮，在对象选择器中列出 13 种分析图表类型，如表 2.3 所示。本书中的仿真分析会涉及 ANALOGUE（模拟）、DIGITAL（数字）和 FREQUENCY（频率）3 种分析图表。其他分析图表可参阅其他相关参考资料。

表2.3　分析图表类型列表

分析图表名称	说　明	分析图表名称	说　明
ANALOGUE	模拟分析图表	FOURIER	傅里叶分析图表
DIGITAL	数字分析图表	AUDIO	音频分析图表
MIXED	模数混合分析图表	INTERACTIVE	交互式分析图表
FREQUENCY	频率分析图表	CONFORMANCE	一致性分析图表
TRANSFER	传输分析图表	DC SWEEP	直流扫描分析图表
NOISE	噪声分析图表	AC SWEEP	交流扫描分析图表
DISTORTION	失真分析图表		

1．ANALOGUE（模拟分析图表）

下面通过一个具体实例说明模拟分析图表的使用方法。

（1）在图形编辑窗口中放置两个正弦信号源，分别为频率为 1 Hz、幅值为 1 V 的信号激励源（命名为 SOURCE1）和频率为 2 Hz、幅值为 2 V 的信号激励源（命名为 SOURCE2），如图 2.57 所示。

（2）单击工具箱中的图表模式按钮 ，在对象选择器中选择模拟分析图表。然后，将鼠标移置在编辑界面中并在期望位置单击并移动鼠标，最后在期望终止位置单击完成模拟分析图表的放置，如图 2.58 所示。

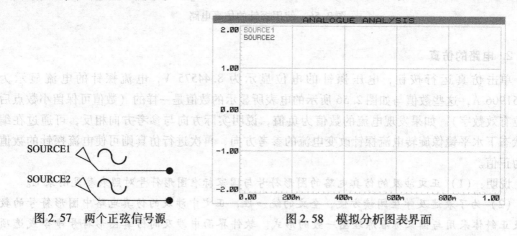

图 2.57　两个正弦信号源
图 2.58　模拟分析图表界面

（3）在模拟分析图表中右击弹出下拉菜单，如图 2.59 所示。选择 Add Traces 命令，弹出如图 2.60 所示对话框。单击对话框中的 Probe P1 选项添加跟踪轨迹名称，在下拉列表中出现电路中已有电压观测点的名称 SOURCE1 和 SOURCE2，选择其一即可（每次只能添加一条跟踪轨迹，如需再添加一条跟踪轨迹，需重新选择 Add Traces 选项），所添加的电压观测点会在如图 2.58 所示分析图表的左上角区域显示。图 2.60 所示的对话框右方 Trace Type（轨迹类型）区域用于选择观测信号的波形，波形包括 Analog（模拟）、Digital（数字）、Phasor（相位）和 Noise（噪声），本例默认为模拟波形选项。Axis（指示轴）用于选择被观测信号对应的指示轴位于分析图表的左边还是右边，本例采用默认选项即可。

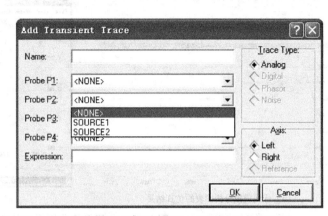

图 2.59　模拟分析图表的下拉菜单　　　图 2.60　模拟分析图表添加跟踪轨迹的对话框

（4）在模拟分析图表的下拉菜单中选择 Edit Graph 命令，弹出如图 2.61 所示对话框。通过对话框可设置 Graph title（分析图表命名）、Start time（仿真开始时间）和 Stop time（仿真停止时间）等参数。本例设置仿真停止时间为 1 s，其他参数采用默认值。单击 OK 按钮完成参数设置。

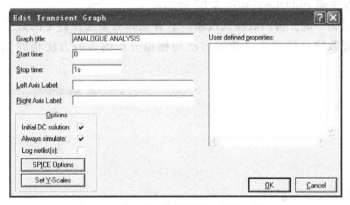

图 2.61　设置模拟分析图表属性对话框

（5）此时模拟分析图表的下拉菜单中的选项 Simulate Graph 已由灰色变为高亮状态，选择该项实现模拟分析图表的仿真，仿真结果如图 2.62（a）所示。

如需放大分析图表观察，则在模拟分析图表的下拉菜单中选择 Maximize 命令即可，放大后的效果如图 2.62（b）所示。在如图 2.62（b）所示的界面中包括 File、View、Graph、Option 和 Help 五个菜单选项，通过这些选项可以完成打印、缩放、设置分析图表属性和背景及图形颜色等功能。

（6）仿真完成之后，模拟分析图表的下拉菜单中的选项 Export Graph Data 已由灰色变为高亮状态，选择该项实现对当前的仿真结果以文本数据的形式保存。选项 Clear Graph Data 也已由灰色变为高亮状态，选择该项实现对当前仿真结果进行清除处理。

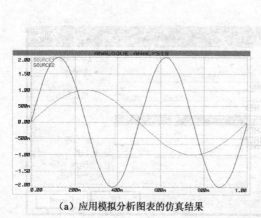

(a) 应用模拟分析图表的仿真结果

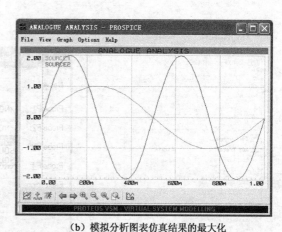

(b) 模拟分析图表仿真结果的最大化

图 2.62　应用模拟分析图表的仿真

2. DIGITAL（数字分析图表）

下面通过一个具体实例说明数字分析图表的使用方法。

（1）在图形编辑窗口中放置两个频率分别为 500 kHz（命名为 A）和 1 Hz（命名为 B）的数字时钟信号发生器 DCLOCK，如图 2.63 所示。

（2）单击工具箱中的分析图表模式按钮 ，并选择对象选择器中的数字分析图表，在图形编辑窗口中放置数字分析图表（放置方法与模拟分析图表的方法相同），效果如图 2.64 所示。

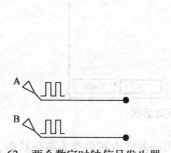

图 2.63　两个数字时钟信号发生器　　　图 2.64　数字分析图表界面

（3）在数字分析图表界面中右击，弹出下拉菜单，如图 2.65 所示。选择 Add Traces 命令，弹出如图 2.66 所示对话框。在对话框中添加观测点名称，单击对话框中的 Probe P1 选项，在下拉选项中出现电路中的电平观测点名称 A 和 B 两个选项，选择其一即可（每次只能添加一条跟踪轨迹，如需再添加一条跟踪轨迹，需重新选择 Add Traces 选项），所添加的电平观测点会在如图 2.64 所示的左上角区域显示。

（4）在数字分析图表的下拉菜单中选择 Edit Graph 命令，弹出如图 2.67 所示对话框。通过对话框中可设置 Graph title（图表名称）、Start time（开始仿真时间）、Stop time（停止时间）和仿真选择设置等。本例设置 Stop time 为 2 ms，其他参数采用默认值。单击 OK 按钮完成参数设置。

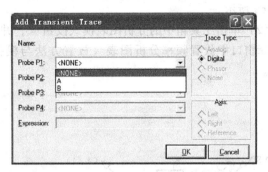

图 2.65 数字分析图表下拉菜单　　　　图 2.66 数字分析图表添加轨迹对话框

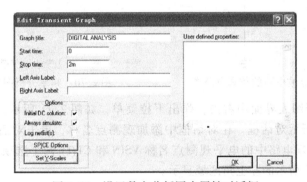

图 2.67 设置数字分析图表属性对话框

（5）此时数字分析图表的下拉菜单中的选项 Simulate Graph 已由灰色变为高亮状态，选择该项实现数字分析图表的仿真。仿真结果如图 2.68 所示。数字分析图表其他功能的使用与模拟分析图表类似，这里不再赘述。

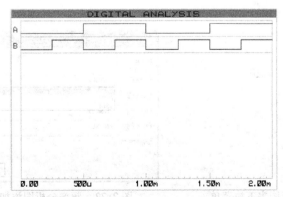

图 2.68 应用数字分析图表仿真结果

3. FREQUENCY（频率分析图表）

下面通过一个具体实例说明频率分析图表的使用方法。

（1）在图形编辑窗口绘制由 RC 串联组成的低通滤波器。其中，正弦交流电源 VSIN 的属性设置为幅值是 1 V，频率为 50 Hz 和 Offset 为 0；100 kΩ 电阻和 0.1 μF 电容的选取方法参见 2.5 节；在电容与电阻之间添加探针，并命名为 C1(1)；并在终端模式下添加地。仿真电路如图 2.69 所示。

（2）单击工具箱中的分析图表模式按钮 ，并选择对象选择器中的频率分析图表，在图形编辑窗口中放置频率分析图表（放置方法与模拟分析图表的方法相同），效果如图 2.70 所示。

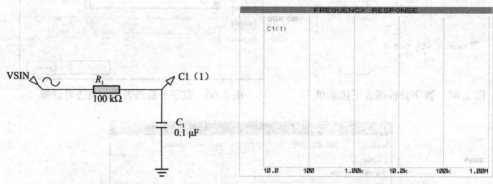

图 2.69　RC 低通滤波电路的仿真电路图　　　　图 2.70　频率分析图表界面

（3）在频率分析图表界面中右击，弹出下拉菜单，如图 2.71 所示。选择 Add Traces 命令，弹出如图 2.72 所示对话框。在对话框中添加观测点名称，单击对话框中的 Probe P1 选项，在下拉选项中出现电路中的电平观测点名称 VSIN 和 C1(1) 两个选项，选择 C1(1)，且该观测点会在如图 2.70 所示的左上角区域显示。

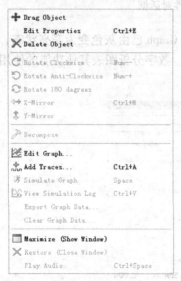

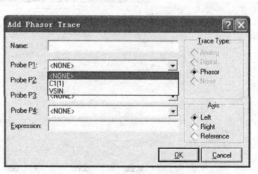

图 2.71　频率分析图表下拉菜单　　　　图 2.72　频率分析图添加轨迹对话框

（4）在频率分析图表的下拉菜单中选择 Edit Graph 命令，弹出如图 2.73 所示对话框。通过对话框可设置以下几项参数：Reference（参考信号源——此项必须选择，否则没有输出波形）、Stop frequency（仿真分析的最高频率）、Interval（分析频率区间的间隔方法）和 No. Steps/Interval（分析频率区间的间隔大小/步长）。本例所设置参数如图 2.73 所示。单击 OK 按钮完成设置。

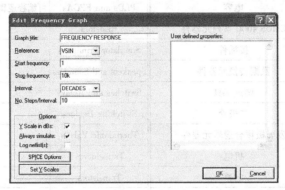

图 2.73　设置频率分析图表属性对话框

（5）此时频率分析图表的下拉菜单中的选项 Simulate Graph 已由灰色变为高亮状态，选择该项实现频率分析图表的仿真。仿真结果如图 2.74 所示。频率分析图表其他功能的使用与模拟分析图表类似，这里不再赘述。

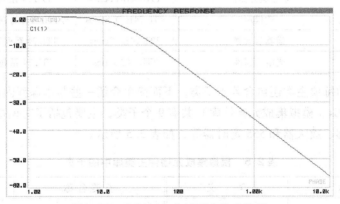

图 2.74　应用频率分析图表仿真结果

2.4　Proteus ISIS 的元器件库

2.4.1　Proteus ISIS 元器件库

元器件库是使用 Proteus ISIS 进行电路设计和仿真的基础。通常，元器件库是按照 Category（主类）→Sub–category（子类）→Manufacturer（生产厂商）→Component（元器件）四级结构组织的。其中，主类是表示元器件的主要分类属性，子类是按照元器件特性和具体用途等情况再一次对元器件进行细分。

Proteus ISIS 的元器件库提供了 36 种主类，如表 2.4 所示。

表 2.4　元器件库的主类

主类名称	含　义	主类名称	含　义
Analog ICs	模拟集成元器件	PICAXE	PICAXE 元器件
Capacitors	电容	PLDs and FPGAs	可编程逻辑元器件和现场可编程门阵列
CMOS 4000 series	CMOS 4000 系列元器件	Resistors	电阻
Connectors	接插件	Simulator Primitives	仿真源
Data Converters	数据转换元器件	Speakers and Sounders	扬声器和音响
Debugging Tools	调试工具	Switches and Relays	开关和继电器
Diodes	二极管	Switching Devices	开关元器件
ECL 10000 series	发射极耦合逻辑元器件	Thermionic Valves	热离子真空管
Electromechanical	机电	Transducers	传感器
Inductors	电感	Transistors	晶体管
Laplace Primitives	拉普拉斯模型	TTL 74 Series	TTL 74 系列标准芯片
Mechanics	动力学机械	TTL 74ALS Series	TTL 74 系列先进低功耗肖特基芯片
Memory ICs	存储器芯片	TTL 74AS Series	TTL 74 系列先进肖特基芯片
Microprocessor ICs	微处理器芯片	TTL74F Series	TTL 74 系列快速芯片
Miscellaneous	未分类元器件	TTL 74HC Series	TTL 74 系列高速 CMOS 芯片
Modelling Primitives	建模源	TTL 74HCT Series	与 TTL 兼容的 74 系列高速 CMOS 芯片
Operational Amplifiers	运算放大器	TTL 74LS Series	TTL 74 系列低功耗肖特基芯片
Optoelectronics	光电元器件	TTL 74S Series	TTL 74 系列肖特基 TTL 芯片

在表 2.4 中的每项主类还包含若干子类，下面简单介绍一些与本课程内容相关的子类。

（1）Analog ICs（模拟集成元器件库）共有 9 个子类，主要包括了对模拟信号进行处理的元器件，如滤波器、放大器和 555 定时器等，如表 2.5 所示。

表 2.5　模拟集成元器件主类库中的子类

子类名称	含　义	子类名称	含　义
Amplifier	放大器	Multiplexers	多路开关元器件
Comparators	比较器	Regulators	三端稳压器
Display Drivers	显示驱动器	Timers	555 定时器
Filters	滤波器	Voltage References	电压参考芯片
Miscellaneous	未分类元器件		

（2）Capacitors（电容库）共有 35 个子类，主要包括可变电容、无极性电容和铝电解电容等多种不同电容。在原理图的设计过程中，常用 Generic（通用电容）子类、Variable（可变电容）子类和 Miniature Electrolytic（小型电解电容）。

（3）Diodes（二极管库）共有 9 个子类，主要包括了多种二极管，如整流桥、普通二极管和整流二极管等，如表 2.6 所示。

表 2.6　二极管主类库中的子类

子类名称	含义	子类名称	含义
Bridge Rectifiers	整流桥	Transient Suppressors	瞬态电压抑制二极管
Generic	普通二极管	Tunnel	隧道二极管
Rectifiers	整流二极管	Varicap	变电容二极管
Schottky	肖特基二极管	Zener	稳压二极管
Switching	开关二极管		

（4）Inductors（电感库）共有 7 个子类，主要包括了固定电感、变压器电感和普通电感等多种电感，如表 2.7 所示。

表 2.7　电感主类库中的子类

子类名称	含义	子类名称	含义
Fixed Inductors	固定电感	Surface Mount Inductors	表面安装电感
Generic	普通电感	Tight Tolerance RF Inductor	紧密度容限射频电感
Multilayer Chip Inductors	多层芯片电感	Transformers	变压器
SMT Inductors	表面安装技术电感		

（5）Miscellaneous（未分类元器件库）主要包括了 BATTERY（电池）和 FUSE（熔断器）等零散元器件。

（6）Operatioanl Amplifiers（运算放大器库）共有 7 个子类，主要包含了大量的运算放大器模型，如表 2.8 所示。

表 2.8　运算放大器主类库中的子类

子类名称	含义	子类名称	含义
Dual	双运算放大器	Quad	四运算放大器
Ideal	理想运算放大器	Singe	单运算放大器
Macromodel	多种运算放大器	Triple	三运算放大器
Octal	八运算放大器		

（7）Optoelectronics（光电元器件库）共有 13 个子类，常用的有 Lamps（灯）子类和 7-Segment Displays（7 段显示数码管）子类。

（8）Resistors（电阻库）共有 31 个子类，包括各种常用的电阻，其中 Generic（普通电阻）子类、Resistors（排阻）子类和 Variable（滑动变阻器）子类是比较常用的子类。

（9）Switches and Relays（开关和继电器库）共有 4 个子类，包括开关、键盘和继电器等元器件，如表 2.9 所示。

表 2.9　开关和继电器主类库的子类

子类名称	含义	子类名称	含义
Keypads	键盘	Relays（Specific）	专用继电器
Relays（Generic）	普通继电器	Switches	普通开关等

（10）Transistors（晶体管库）共有 8 个子类，其中最常用的是 Bipolar（双极型晶体管）

子类和 Generic（普通晶体管）子类。

2.4.2 选取元器件的方法

选取元器件是通过对象选择器窗口来完成的。单击对象选择器窗口中的 P 图标，弹出如图 2.75 所示的 Pick Devices（选取元器件）对话框。该对话框提供了两种方法查找元器件：一种是按照类别查找；另一种是按照关键字查找。下面以选取固定阻值的电阻为例，分别介绍两种方法。

1. 按照类别查找

首先确定元器件所属的主类，其次在已选定的主类中确定该元器件所属的子类，最后在已选定的子类中选择生产厂商，最终可查找到元器件。这种查找方法实质就是按照元器件库的组织形式依次缩小搜索范围，直至查找到元器件。

按照类别查找固定阻值电阻的方法如图 2.75 所示。在 Category（主类）中选择 Resistors（电阻）主类，然后在 Sub-category（子类）中选择 Generic（普通电阻）子类，在 Manufacturer（厂商）中，选择 All Manufacturers（所有厂商），则在选取元器件对话框的 Results（结果）区域显示查找电阻的基本信息，包括 Device（名称）、Library（库名）和 Description（描述）。同时，在对话框的右方区域分别显示出电阻的预览图形及其 PCB 封装形式。

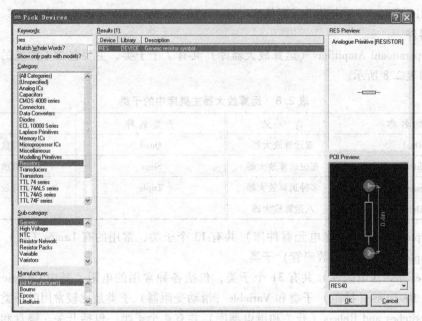

图 2.75 选取元器件对话框

2. 按照关键字查找

按照类别查找方法的优点是在对元器件不了解的情况下能够查找到元器件，但是却牺牲了搜索速度。当对元器件名称熟悉之后，可以采用按关键字查找，进而提高搜索速度。如图 2.75 所示，在选取元器件对话框的 Keywords（关键字）中输入电阻的英文全称或部分名称，就可以快速地查找到电阻。例如，输入关键字 res，查找到的电阻与用按类别方法查找到的电阻是完全一样的。

　　无论使用哪种方法查找到电阻，单击选取元器件对话框中的 OK 按钮，光标处于放置电阻的状态，在图形编辑窗口中的期望位置单击，即可放置一个电阻。若多次单击可放置多个电阻，效果如图 2.76 所示。同时，在对象选择器中的 DEVICES（元器件）一栏中，显示出所放置电阻的名称。

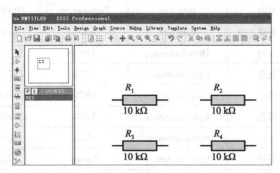

图 2.76　在图形编辑窗口中放置电阻

2.4.3　本书涉及的元器件

　　按照 Proteus ISIS 元器件库的组织形式，将本书所涉及元器件的选取方法列出，便于查询，如表 2.10 所示。其中，当对某个元器件进行选取时，在元器件选取对话框的"Results（结果）"中会出现若干个相关的元器件，因此在表 2.10 的"Results（结果）"列中标出所要选取该元器件的关键字。

表 2.10　本书涉及的元器件类别及选取方法列表

元器件库	名称	规格	选取过程			Keywords（关键字）
			Category（主类）	Sub-Category（子类）	Results（结果）	
模拟元器件库	三端稳压器	12 V	Analog ICs	Regulators	7812	7812
电容库	电容	普通	Capacitors	Generic	CAP	CAP
	电容	普通	Capacitors	Generic	REALCAP	REALCAP
	电容	普通	Capacitors	Animated	CAPACITOR	CAPACITOR
	电解电容	—	Capacitors	Miniature Electrolytic	根据电容值选择	根据电容值选择
二极管库	二极管	普通	Diodes	Generic	DIODE	DIODE
	二极管	50 V、1 A	Diodes	Rectifiers	1N4001	1N4001
	稳压二极管	—	Diodes	Zener	根据稳定电压、工作电流选择	根据稳定电压、工作电流选择
		若选取 5.1 V、49 mA	Diodes	Zener	1N4733A	1N4733A
	整流桥	单向 50 V、2 A	Diodes	Bridge Rectifiers	2W005G	2W005G

元器件库	名称	规格	选取过程			Keywords（关键字）
			Category（主类）	Sub-Category（子类）	Results（结果）	
机电库	电机	直流	Electromechanical	—	MOTOR	MOTOR
电感库	变压器	单向	Inductors	Transformers	TRAN-2P2S	TRAN-2P2S
	电感	普通	Inductors	Generic	REALIND	REALIND
显示器库	LED 灯	双色	Optoelectronics	LEDs	LED-BIBY	LED-BIBY
	LED 灯	蓝色	Optoelectronics	LEDs	LED-BLUE	LED-BLUE
	LED 灯	黄色	Optoelectronics	LEDs	LED-YELLOW	LED-YELLOW
	LED 灯	绿色	Optoelectronics	LEDs	LED-GREEN	LED-GREEN
	LED 灯	红色	Optoelectronics	LEDs	LED-RED	LED-RED
	灯泡	普通	Optoelectronics	Lamps	Lamp	Lamp
	数码管	7 段 BCD 码	Optoelectronics	7-Segment Displays	7SEG-BCD	7SEG-BCD
	数码管	共阳极 7 段 BCD 码	Optoelectronics	7-Segment Displays	7SEG-MPX1-CA	7SEG-MPX1-CA
	数码管	共阴极 7 段 BCD 码	Optoelectronics	7-Segment Displays	7SEG-MPX1-CC	7SEG-MPX1-CC
电阻库	可变电阻	—	Resistors	Variable	POT-HG	POT-HG
	电阻	0.6W	Resistors	0.6W Metal Film	据阻值选择	据阻值选择
	电阻	普通	Resistors	Generic	RES	RES
开关和继电器库	开关	—	Switches & Relasys	Switches	SWITCH	SWITCH
	单刀双掷开关	—	Switches & Relasys	Switches	SW-SPDT	SW-SPDT
	拨码开关	10 状态、4 输出	Switches & Relasys	Switches	THUMBSWITCH-BCD	THUMBSWITCH-BCD
	继电器	直流 12 V	Switches & Relasys	Relays	G2RL-1A-CF-DC12	G2RL-1A-CF-DC12
调试工具库	逻辑状态	—	Debugging Tools	Logic Stimuli	LOGICSTATE	LOGICSTATE
运算放大器库	集成运放	μA741	Operationsal Amplifiers	Single	741	741
仿真源库	电池	DC	Simulator Primitives	Sources	BATTERY	BATTERY
	正弦信号源	AC	Simulator Primitives	Sources	VSIN	VSIN
	脉冲信号源	—	Simulator Primitives	Sources	VPULSE	VPULSE
扬声器库	扬声器	直流	Speaker&Sounders	—	BUZZER	BUZZER
晶体管库	低功耗高频晶体管	NPN	Transistors	Bipolar	2N2222	2N2222
	低功耗晶体管	NPN	Transistors	Bipolar	PN2369A	PN2369A

续表

元器件库	名称	规格	选取过程			Keywords（关键字）
			Category（主类）	Sub-Category（子类）	Results（结果）	
TTL74 库	与非门	7400	TTL 74 series	Gates & Inverters	7400	7400
	与门	7408	TTL 74 series	Gates & Inverters	7408	7408
	或门	7432	TTL 74 series	Gates & Inverters	7432	7432
	非门	7404	TTL 74 series	Gates & Inverters	7404	7404
	三输入与门	7411	TTL 74 series	Gates & Inverters	7411	7411
	三输入或门	4075	CMOS 4000 series	Gates & Inverters	4075. ICE	4075. ICE
	7 段 BCD 码解码器	4511	CMOS 4000 series	Decoders	4511	4511
	8 选 1 数据选择器	74151	TTL 74 series	Multiplexers	74151	74151
	4 选 1 数据选择器	74153	TTL 74 series	Multiplexers	74153	74153
	三输入与非门	7410	TTL 74 series	Gates & Inverters	7410	7410
	4 位移位寄存器	74194	TTL 74 series	Registers	74194	74194
	4 位二进制计数器	74161	TTL HC 74 series	Counters	74161	74161
	十进制加减计数器	74192	TTL HC 74 series	Counters	74192	74192
	异或	74HC86	TTL HC 74 series	Gates & Inverters	74HC86	74HC86
	4 输入与门	74HC4072	TTL HC 74 series	Gates & Inverters	74HC4072	74HC4072
	D 触发器	74HC74	TTL HC 74 series	Flip-Flops & Lathces	74HC74	74HC74
	4 输入与门	74HC21	TTL HC 74 series	Gates & Inverters	74HC21	74HC21
	38 译码器	74HC138	TTL HC 74 series	Decoders	74HC138	74HC138
	7 段 BCD 码解码器	7448	TTL 74 series	Decoders	7448	7448
	JK 触发器	74HC112	TTL HC 74 series	Flip-Flops & Lathces	74HC112	74HC112

　　另外，若在元器件选取对话框 Results（结果）中出现具有相近关键字的元器件时，要根据选取对话框预览区域中的提示，来确定所选元器件是否存在仿真模型（若要实现对某电路的仿真，则必须选择带有仿真模型的元器件）。例如，选择 FUSE（熔断器）时，会有 No Simulator Model（没有仿真模型）和 Schematic Model（仿真模型）两种类型的熔断器，分别如图 2.77（a）和（b）所示。

　　在 Proteus ISIS 的 TTL74 库中存在各种子系列。表 2.11 中同时列出了各子系列的传输时间、功耗和扇出系数等参数。读者可根据电路实际结构选取适合的类型。

（a）没有仿真模型　　　　　　　　　　　（a）有仿真模型

图 2.77　FUSE（熔断器）元器件

表 2.11　TTL74 系列各子系列参数对比

各子系列	名　称	传输延迟/ns	功耗/mW	扇出系数
74 × ×	标准系列	10	10	10
74L × ×	低功耗系列	33	1	10
74H × ×	高速系列	6	22	10
74S × ×	肖特基系列	3	19	10
74LS × ×	低功耗肖特基系列	9	2	10
74AS × ×	先进肖特基系列	1.5	8	40
74ALS × ×	低功耗先进肖特基系列	4	1	20
74F × ×	快速 TTL 系列	3	4	15

2.5　一般电路的仿真过程

应用 Proteus ISIS 对电路进行仿真可以实时地观察到电路的运行状态，设计者可以根据仿真结果适当调节电路参数，进而达到满足系统的设计要求。因此，对电路的仿真是验证所设计电路的正确性和 PCB 图设计的先决条件。

2.5.1　电路仿真的流程

基于 Proteus ISIS 软件的电路仿真流程如图 2.78 所示，其包括新建设计文档、设置编辑环境及系统参数和放置元器件等 9 个步骤。这些步骤的详细说明如下：

（1）新建设计文档：预先对仿真电路进行构思，确定绘制该电路所使用图纸的大小。然后通过 Proteus ISIS 中的 File→New Design 命令，选择相应大小的模板，完成设计文档的新建。

（2）设置编辑环境和系统参数：对（1）中所选择模板的一些基本属性进行设置，包括模板的颜色、仿真器的参数和图纸的大小等。通过这些参数的设置，可以满足仿真电路的设计要求，同时也可以满足不同使用者的设计风格。

（3）放置元器件：从对象选择器窗口中选取要添加的元器件，将其放置在图形编辑窗口中的期望位置。待所有元器件选取并放置完成后，再根据元器件之间的关系，重新调整元器件在图形编辑窗口中的位置，达到所绘制的原理图美观和易懂的目的。

（4）原理图布线：根据实际电路的要求，使用 Proteus ISIS 的连线将原理图中的元器件连接起来，进而构成一幅完整的电路原理图。

（5）设置元器件参数：结合仿真电路的设计要求，调整元器件参数，包括名称、数值大小和封装形式等。

（6）电气规则检查：利用 Proteus ISIS 菜单中的 Tools→Electrical Rule Check 命令对所绘制的电路原理图进行电气规则检查。

（7）调整：若电气规则检查没有通过，系统会提示错误，此时根据错误报告修改原理图。对于较复杂的电路，通常需要对电路进行多次修改才能通过电气规则检查。

（8）仿真结果是否满足要求：若电气规则检查通过，通过 Proteus ISIS 的仿真控制按钮可以对原理图进行仿真。设计者可以实时地观察电路的运行状态，也可以将仿真结果以图表的形式保存下来。若仿真结果不满足电路的设计要求，则重新调整元器件参数，再次仿真直至满足要求为止。

（9）保存并输出报表：若达到电路的设计要求，通过保存命令对设计完成的原理图进行保存和打印。此外，Proteus ISIS 还提供了多种报表的输出格式。

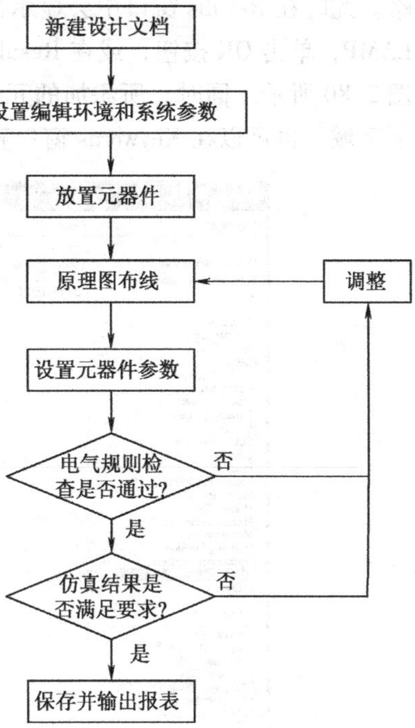

```
┌──────────────────┐
│   新建设计文档     │
└────────┬─────────┘
         ↓
┌──────────────────┐
│设置编辑环境和系统参数│
└────────┬─────────┘
         ↓
┌──────────────────┐
│    放置元器件      │
└────────┬─────────┘
         ↓
┌──────────────────┐          ┌────────┐
│    原理图布线      │◄─────────│  调整  │
└────────┬─────────┘          └────────┘
         ↓
┌──────────────────┐
│   设置元器件参数    │
└────────┬─────────┘
         ↓
    ◇电气规则检╲  否
   ◇查是否通过?◇──────┐
    ╲        ◇        │
         │是          │
         ↓            │
    ◇仿真结果是╲  否   │
   ◇否满足要求?◇──────┤
    ╲        ◇        │
         │是
         ↓
┌──────────────────┐
│   保存并输出报表    │
└──────────────────┘
```

图 2.78　基于 Proteus ISIS 的电路仿真流程图

2.5.2　灯泡点亮仿真实例

图 2.79 所示的电路是由直流电源、滑动变电阻器、灯泡，开关和熔断器组成的简单直流电路。下面以该电路为例，直观地介绍基于 Proteus ISIS 的电路仿真步骤及方法。

1. 新建设计文档

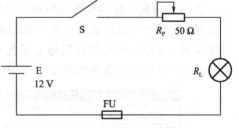

图 2.79　灯泡点亮的电路模型

打开 Proteus ISIS 软件，选择 File→New Design 命令，在弹出的对话框中选择 DEFAULT（默认）模板，单击 OK 按钮创建一个新的设计文档。

2. 设置编辑环境和系统参数

通过 Proteus ISIS 菜单中的 Template 选项可对新建设计文档进行编辑环境的设置，通过 System 选项可对 Proteus ISIS 的系统参数进行设置。在本例均采用系统默认的参数。

3. 选择和放置元器件

（1）选择和放置灯泡元器件：

① 单击 Proteus ISIS 工具箱中的 � 图标，然后单击对象选择器窗口中的 P 图标，弹出如图 2.80 所示的 Pick Devices（选取元器件）对话框。在对话框中的 Category 主类下找到 Optoelectronics 选项，在 Sub-Category 子类中选择灯泡 Lamps 选项，Manufacture（制造商）可以忽

略。此时在 Results 窗口中会显示出所有灯泡的型号，根据需要选择所用灯泡。本例中选择 LAMP，单击 OK 按钮，或在 Results 窗口中双击元器件名称，即可完成对该元器件的添加，如图 2.80 所示。同时，所添加的元器件也将出现在对象选择器的列表中，如图 2.81 所示的左下区域。也可以在 Keywords 窗口直接输入 LAMP 快速查找元器件。

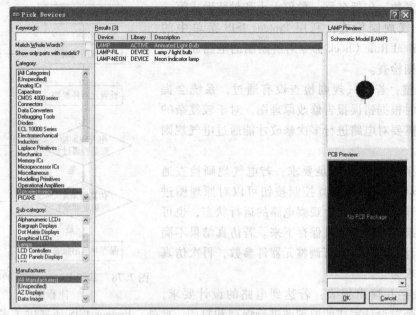

图 2.80　灯泡选择界面

② 若此时将光标移至图形编辑窗口区域，光标将处于放置灯泡的状态。双击鼠标左键，将元器件 LAMP 的图标放置在图形编辑窗口中。若要移动元器件 LAMP，则对元器件 LAMP 单击使其高亮显示，并且按住鼠标左键拖动 LAMP 图标到期望位置，松开鼠标左键完成放置。元器件 LAMP 的放置效果如图 2.81 所示。

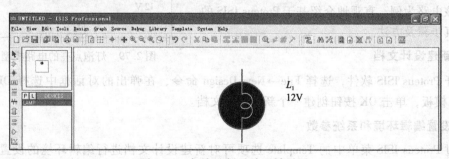

图 2.81　灯泡选择及放置效果图

③ 如果需要对元器件进行旋转操作，只需右击元器件，通过如图 2.82 所示下拉菜单中的相关命令来完成旋转操作。

（2）放置其他元器件。其他元器件的选择和放置方法与元器件 LAMP 类似，区别在于元器件存放在不同的主类和子类当中，具体选取方法参见 2.4 节。

（3）放置电压表和电流表。本例要用到 Proteus ISIS 虚拟测量仪表中的电流表和电压表。

单击虚拟仪器模块⬚中的按钮进入虚拟测量仪表模式，分别选择直流电压表（DC VOLTME-TER）和直流电流表（DC AMMETER），放置在图形编辑界面的合适位置。

最终放置好所有元器件的效果如图 2.83 所示。

元器件旋转操作
的相关选项

图 2.82　右击元器件的下拉菜单

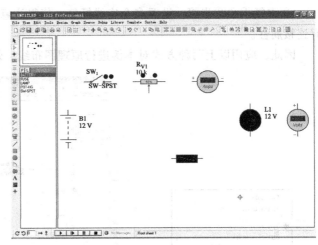

图 2.83　放置元器件后的效果图

4. 原理图布线

布线可分为普通布线、设置连线标签和总线布线 3 种方法。本例用到前两种方法，总线布线在本书中不做介绍。

（1）普通布线。将鼠标放置在元器件的引脚终端，即可看到鼠标变成绿色笔的形状，此时单击且移动鼠标即可画出一条连线（若想取消连线状态，只需右击或者按下键盘上的【Esc】键），当鼠标带着连线移动到其他元器件的引脚时，鼠标再次变成绿色笔的形状，此时单击即完成元器件之间的一条连线，重复以上操作完成原理图的布线。

在完成原理图布线之后，可在任意连线右击，弹出下拉菜单（见图 2.84），通过菜单命令可对连线进行操作，如删除、拖拽和属性等。

（2）设置连线标签。单击 Proteus ISIS 工具箱的图标⬚，进入连线标签模式。具体操作步骤如下：

① 将鼠标放置在需要放置标签的连线上，即出现"×"符号。此时单击鼠标左键，弹出编辑连线标签对话框，如图 2.85 所示。

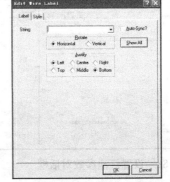

图 2.84　放置元器件后的示意图　　　图 2.85　编辑连线标签对话框

② 通过如图2.85所示的对话框可以设置标签名称及标签的显示方向等属性，然后单击OK按钮，完成一个连线标签的设置。若想对标签进行其他操作，则可以右击标签名称，弹出下拉菜单（见图2.86），通过下拉菜单中的命令完成相应的操作，如删除和编辑标签等。

③ 重复①和②步骤，设置多个连线标签。值得注意的是，有相同标签名称的连线标签具有连接属性。

因此，应用以上两种方式对本例进行原理图布线，效果如图2.87所示。

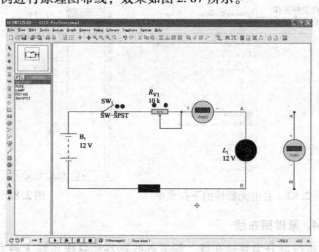

图2.86　连线标签的下拉菜单　　　　图2.87　灯泡电路的布线效果图

5. 设置元器件参数

在图形编辑界面中右击 LAMP（灯泡），在弹出的快捷菜单中选择 Edit Properties 命令，弹出设置灯泡参数的对话框，如图2.88所示。其中，Nominal Voltage（额定电压）设置为12 V，Resistance（内阻）设置为6 hms（6 Ω），其他参数采用默认设置。

右击 FUSE（熔断器），在弹出的快捷菜单中选择 Edit Properties 命令，弹出设置熔断器参数的对话框，如图2.89所示。其中，Rated Current（熔断电流）设置为0.5 A，其他参数采用默认设置。

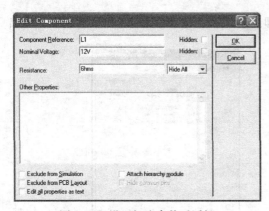

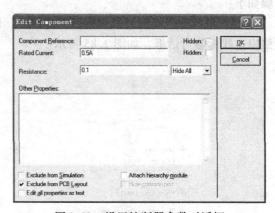

图2.88　设置灯泡参数对话框　　　　图2.89　设置熔断器参数对话框

右击 BATTERY（电池），在弹出的快捷菜单中选择 Edit Properties 命令，弹出设置电池参数对话框，如图 2.90 所示。本例电池参数采用默认设置，电压为 12 V。

右击 POT-HG（滑动变阻器），在弹出的快捷菜单中选择 Edit Properties 命令，弹出设置可调电阻器参数的对话框，如图 2.91 所示。其中，Resistance（电阻值）设置为 50 Ω，其他参数采用默认设置。

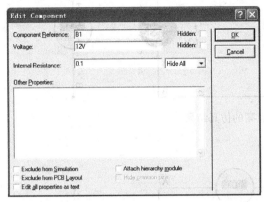
图 2.90　设置电池参数对话框

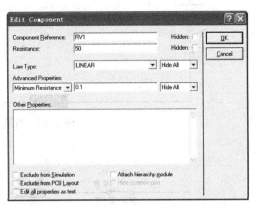
图 2.91　设置滑动变阻器参数对话框

6. 电气规则检查

选择菜单栏中的 Tools→Electrical Rule Check 命令，弹出电气规则检测报告，如图 2.92 所示。

图 2.92　电气规则检测报告单

7. 调整

若在如图 2.89 所示的报告中提示错误，按照提示的错误原因重新进行第 4~6 步的操作，直至正确为止。

8. 仿真

检查没有错误，单击屏幕下方的仿真按钮 ▶ ，灯泡被点亮，如图 2.93 所示。若点击可调电阻上面的左右移动箭头可调整可调电阻的阻值大小。当可调电阻减小时，电流表和电压表读数都变大。当可调电阻减小到一定数值时，熔丝熔断并且灯泡熄灭，电压表和电流的读数归零，如图 2.94 所示。

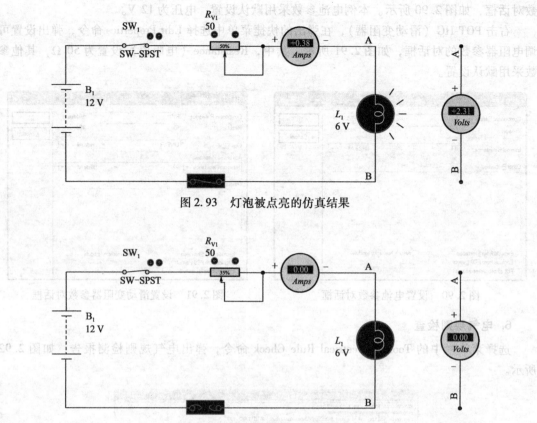

图 2.93　灯泡被点亮的仿真结果

图 2.94　熔丝被熔断的仿真结果

同时，也可以利用 Proteus ISIS 来显示电流方向和等电位的情况。选择菜单栏中的 System→Set Animation Options 命令弹出设置对话框。将 Animation Options 选择框中的 4 个选项全部选中，如图 2.95 所示。单击 OK 按钮。然后再次进行仿真，仿真结果如图 2.96 所示。在如图 2.96 所示的电路中用箭头表示电流的流动方向，用同一颜色的连线表示相同的电位。

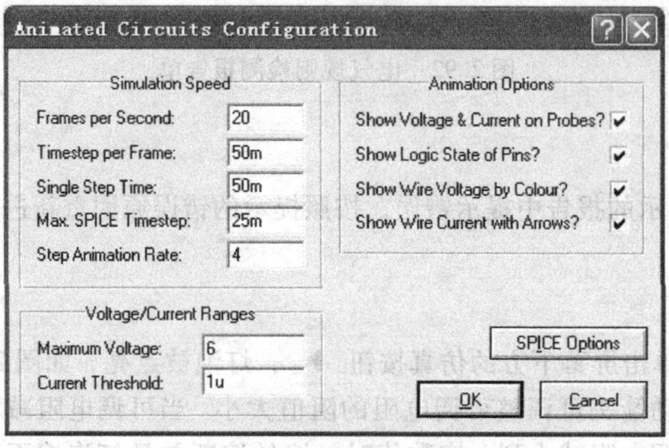

图 2.95　设置电流方向及等电位对话框

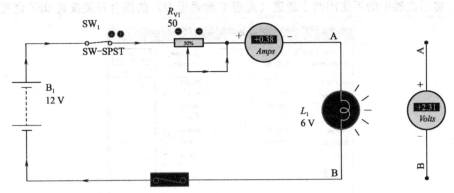

图 2.96　设置电流方向及等电位情况的仿真结果

9. 保存并输出报表

选择 File→Save Design 命令可对当前设计文件进行保存，选择 Tools→Bill of Materials 命令输出 BOM 文档。

2.5.3　测量 RC 电路的时间常数 τ

如图 2.97 所示的电路是由 5 V（1 kHz）矩形波脉冲电压作为输入电压 u_i、10 kΩ 电阻、0.01 μF 电容和"地"所组成的测量 RC 时间常数的实验电路。由于在 2.5.2 节的示例中已对电路仿真步骤做过详细介绍，因此本例只针对 Proteus ISIS 中的虚拟示波器在 RC 电路中的应用进行说明。

通过新建设计文件、放置元器件、原理图布线和设置元器件参数等操作步骤，完成 RC 电路的原理图绘制，效果如图 2.98 所示。其中，单击脉冲信号源 VPULSE 图标，弹出如图 2.99 所示的对话框。设置脉冲幅值为 5 V、周期为 1 ms（频率为 1 kHz，即脉冲宽度 $\tau_P = 0.5$ ms）的脉冲信号作为电路输入，将其接入示波器的通道 A；电容 C_1 两端的电压作为电路的输出，将其接入示波器的通道 B。

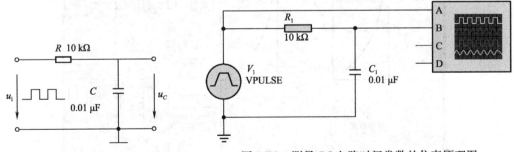

图 2.97　测量 RC 电路时间常数
的实验电路图

图 2.98　测量 RC 电路时间常数的仿真原理图

单击仿真运行按钮 ▶，若没有电气规则错误，则弹出如图 2.100 所示的示波器运行界面。如果没有弹出该界面，则在运行状态下，通过右击示波器符号的弹出下拉菜单，然后点击最下行也可以打开如图 2.100 所示的运行界面。

测量电路的时间常数 τ 可依据以下几个步骤：

（1）将示波器中的不使用两个通道（通道 C 和通道 D）的耦合开关拨置 OFF 位置。

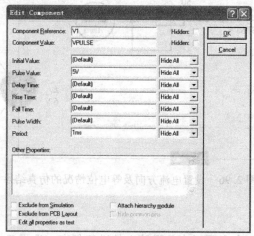

图 2.99 设置脉冲信号源参数对话框

（2）分别将示波器中的通道 A 和通道 B 中的电压轴内拨轮指向右边刻度"2"的位置（关闭电压微调功能），将 Horizontal（水平设置区）的时间轴拨轮内拨轮指向右边刻度"0.5"的位置（关闭时间微调功能）。同时，将两个通道的电压轴外波轮以及时间轴拨轮的外拨轮旋至适当位置，如图 2.100 所示。观察 u_i 和 u_C 的波形。

（3）调节通道 A 和通道 B 的 Position（位置设置）旋钮使两个通道的波形重叠，并且都与示波器中的某条横向实线重合。调节 Horizontal（水平设置区）的 Position（位置设置）旋钮使示波器中的纵向虚线与示波器中的某条纵向实线重合。通过上面两个步骤最终可以确定波形的坐标原点的位置，如图 2.100 所示。

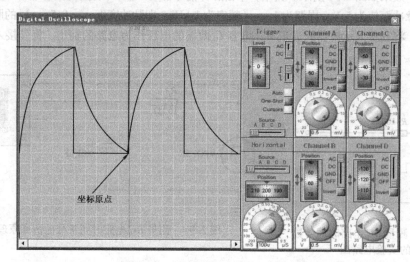

图 2.100 *RC* 电路中的示波器运行界面

（4）应用 Trigger（触发设置区）的 Cursors 按钮测定 τ 值，其测定方法如图 2.101 所示。
① 单击示波器中的 Cursors（标尺）按钮，将鼠标移到示波器的输出区域，此时鼠标变成

十字花形，并且在十字焦点处显示距离原点的横纵坐标的数值（即波形的周期和幅值的大小），如图 2.102 所示。图中显示 3 个坐标数值，从上到下分别是此时输入信号 u_i 的幅值、输入信号 u_C 的幅值以及电路的时间常数。

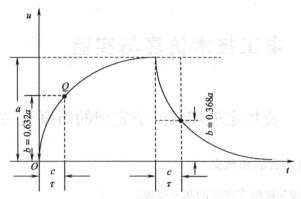

图 2.101　RC 电路时间常数的测量方法

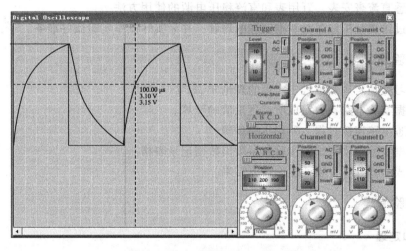

图 2.102　应用示波器测量 RC 电路时间常数

② 从如图 2.101 所示的波形中可知 τ 表示的是电压 u_C 增长到稳态值 U 的 63.2% 时所需的时间。因此，鼠标应沿着通道 B 的 u_C 曲线向上移动，当移动到 $u_C = (U \times 0.632)$ V $= (5 \times 0.632)$ V $= 3.16$ V 时，单击放置标尺，这时从图中可以读出时间常数 $\tau = 100$ μs $= 0.1$ ms，如图 2.102 所示。而理论值的 $\tau = RC = (10 \times 10^3 \times 0.01 \times 10^{-6})$ s $= 0.1$ ms，其与实际测量 τ 的值相同。

③ 如果需删除已放置的标尺，则在示波器输出显示区域右击，在弹出的快捷菜单中选择 Clear All Cursors 命令进行删除。如果需要关闭标尺状态，则再次单击示波器中的 Cursors（标尺）按钮即可实现。

通过对以上两个示例的仿真分析，可以领会电路仿真的设计方法和技巧。

十六禁用，并且由十个触点接收方国置实时 最得数值（即位移距离和转速值接到大
小），如图2.102所示；图中底板3个小型接出口，从上到下分别此序接入信号1、功率信
输入信号 u_0，的输出信以及供电隐的有源端

第 3 章 | 电工技术仿真与实验

3.1 叠加定理和戴维宁定理的仿真与实验

3.1.1 仿真与实验的目的和意义

（1）掌握叠加定理和戴维宁定理的基本原理。
（2）掌握实验电路的连接、测试及调整方法。
（3）熟悉直流毫安表、万用表和直流稳压电源的使用方法。
（4）通过仿真分析加深对基本原理的理解，并为实际操作实验做好准备。

3.1.2 实验预习

（1）复习叠加定理和戴维宁定理的理论知识。
（2）根据实验电路参数完成所有理论值的计算。
（3）熟悉电路连接过程，列写实验步骤。
（4）根据实验中要测试的实验数据画出数据记录表格。
（5）完成仿真分析，验证理论计算结果。

3.1.3 实验原理

1. 叠加定理

叠加定理：对于线性电路，任何一条支路的电流或任意一个元器件两端的电压，都可以看成是由电路中各个电源（电压源或电流源）分别作用时，在此支路中所产生的电流或电压的代数和。

叠加定理是体现线性电路本质的最重要的电路定理，对于线性电路中电压和电流的分析计算有着十分重要的作用。

叠加定理实验电路如图 3.1 所示。根据电路图可以列写电路中电阻 R_1 两端电压的叠加公式。

U_{S1} 单独作用时：

$$U_1' = \frac{R_1}{R_1 + R_4 + R_3 // (R_2 + R_5)} U_{S1} \qquad (3.1)$$

U_{S2} 单独作用时：

$$U_1'' = \frac{-R_1 R_3}{[R_2 + R_5 + R_3 // (R_1 + R_4)][R_1 + R_4 + R_3]} U_{S2} \qquad (3.2)$$

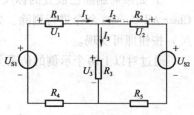

图 3.1 叠加定理的实验电路

U_{S1} 和 U_{S2} 共同作用时：

$$U_1 = U'_1 + U''_1 \tag{3.3}$$

2. 戴维宁定理

戴维宁定理：任何一个有源二端线性网络可以用一个电动势为 U_{oc} 的理想电压源和内阻 R_0 的电阻串联来等效代替，其中等效电源的电动势 U_{oc} 等于二端网络的开路电压，内阻 R_0 等于从二端网络看进去所有电源不起作用（理想电压源短路，理想电流源开路）时的等效电阻。

有源二端网络电路图如图 3.2 所示，其等效电路图如图 3.3 所示。

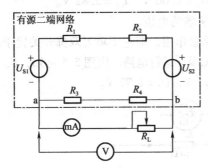
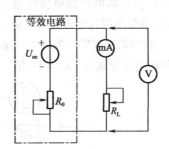

图 3.2 有源二端网络电路图　　　　　图 3.3 有源二端网络等效电路图

根据图 3.2 得到有源二端网络的开路电压为

$$U_{oc} = \frac{(R_3 + R_4)(U_{S2} - U_{S1})}{R_1 + R_2 + R_3 + R_4} \tag{3.4}$$

有源二端网络的等效电阻为

$$R_0 = \frac{(R_3 + R_4)(R_2 + R_1)}{R_1 + R_2 + R_3 + R_4} \tag{3.5}$$

3.1.4 仿真分析

1. 叠加定理

参照图 3.1，绘制叠加定理的 Proteus 仿真电路，如图 3.4 所示。

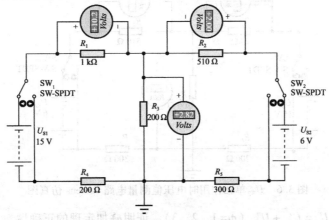

图 3.4 叠加定理验证电路 Proteus 仿真图

（1）仪器仪表和元器件清单。图3.4所示电路所用的仪器和元器件如下，选取方法参见2.4节有关内容。

① 仪器仪表：直流电压表3个和接地端1个。

② 元器件：固定电阻（RESISTOR）5个、直流电源（BATTERY）2个和单刀双掷开关（SW-SPDT）2个。

（2）U_{S1}和U_{S2}共同作用时电压值的测量。电源U_{S1}和U_{S2}共同作用，即左右两侧单刀双掷开关均置于接入电源U_{S1}和U_{S2}的位置，调试无误后，运行电路。由图3.4可知，U_{S1}和U_{S2}共同作用时各电阻两端电压分别为：$U_1 = 10.2$ V，$U_2 = 2.00$ V，$U_3 = 2.82$ V。

同理可以测量各电压源单独作用时各元器件两端的电压。

（3）U_{S1}单独作用时电压值的测量。电源U_{S1}单独作用，即左侧单刀双掷开关置于接入电源U_{S1}的位置，右侧单刀双掷开关接入短路线，调试无误，运行电路。由图3.5可知，U_{S1}单独作用时各电阻两端电压分别为：$U'_1 = 11.0$V，$U'_2 = -1.11$ V，$U'_3 = 1.77$ V。

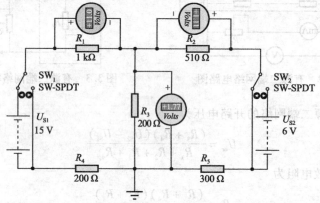

图3.5　U_{S1}单独作用时电压值测量电路 Proteus 仿真图

（4）U_{S2}单独作用时电压值的测量。电源U_{S2}单独作用，即左侧单刀双掷开关接入短路线，右侧单刀双掷开关接入电源U_{S2}，调试无误，运行电路。由图3.6可知，U_{S2}单独作用时各电阻两端电压分别为：$U''_1 = -0.87$ V，$U''_2 = 3.12$ V，$U''_3 = 1.05$ V。

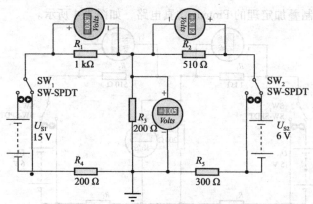

图3.6　U_{S2}单独作用时电压值测量电路 Proteus 仿真图

运行结果满足 $U_n = U'_n + U''_n$（$n = 1$，2，3），证明叠加定理的正确性。

2. 戴维宁定理

参照图 3.2，绘制戴维宁定理的 Proteus 仿真电路如图 3.7 所示。

（1）仪器仪表和元器件清单。图 3.7 所示电路所用的仪器和元器件如下，选取方法参见 2.3.2 和 2.4.3 节有关内容。

① 仪器仪表：直流电压表 1 个和直流电流表 1 个。

② 元器件：固定电阻（RESISTOR）4 个、直流电源（BATTERY）2 个、滑动变阻器（POT-HG）1 个和开关（SW-SPST）2 个。

（2）等效电源电动势和内阻求取。在有源二端网络图中，断开 R_{V1} 所在支路开关 K_1，即断开负载，则电压表中电压值就是戴维宁等效电路图中的开路电压 U_{oc}，称为开路电压，如图 3.8（a）所示，本实验电路的开路电压 $U_{oc} = 2.65$ V。

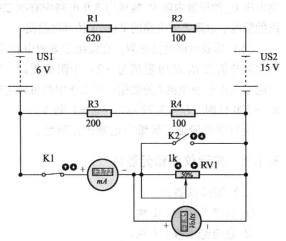

图 3.7　戴维宁定理的有源二端网络 Proteus 仿真电路图

利用开路短路法测量有源二端网络的等效电阻 R_0，如图 3.8（b）所示，闭合 R_{V1} 并联的开关 K_2，测量得到 R_{V1} 电阻的短路电流 I_s，本实验电路的短路电流 $I_s = 12.5$ mA。求得电路的等效电阻 $R_0 = \dfrac{U_{oc}}{I_s} = \dfrac{2.65}{12.5 \times 10^{-3}}\ \Omega = 212\ \Omega$。

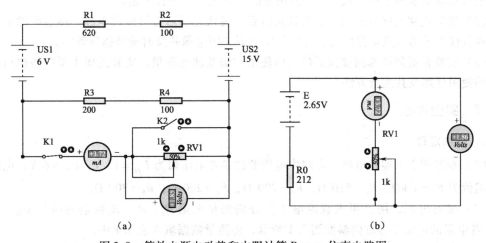

（a）　　　　　　　　　　　　　　　　　（b）

图 3.8　等效电源电动势和内阻计算 Proteus 仿真电路图

（3）有源二端网络外特性测试。在有源二端网络电路图 3.7 中，断开开关 K_2，闭合开关 K_1，即将毫安表与 R_{V1} 的支路重新连接到电路中，接通电源，调节负载 R_{V1} 的滑动端，选取不同阻值，测量对应的电压及电流值。在图 3.7 中，当阻值为 1 kΩ 滑动变阻器 $R_{V1} = 500\ \Omega$ 时，$I_{V1} = 3.72$ mA，$U_{V1} = 1.86$ V。

（4）戴维宁定理等效电路图仿真

参照图 3.3 正确连接线路，利用（2）中所求得开路电压 U_{oc} 和等效内阻 R_0 构成图 3.9 电路中有源二端网络的戴维宁定理等效电路的 Proteus 仿真电路图。

（5）等效电路电量求取。在戴维宁等效电路图中，分次调节负载 R_{V1} 的电阻值与（2）中阻值相同，测出对应的电压 U 及电流 I 的数据。图 3.9 中当可调电阻器 $R_{V1} = 500\ \Omega$ 时，$I_{V1} = 3.72\ \text{mA}$，$U_{V1} = 1.86\ \text{V}$。

运行结果验证了戴维宁定理的正确性。

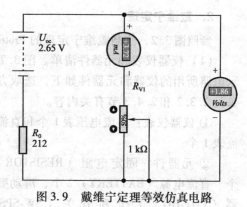

图 3.9　戴维宁定理等效仿真电路

3.1.5　实验仪器和元器件

（1）实验仪器：
① 数字万用表：1 块。
② 直流毫安表：1 块。
③ 可调直流稳压电源：2 台。
（2）实验所需元器件：
① 电阻器：7 个。
② 可调电阻器：2 个。

3.1.6　实验注意事项

（1）使用直流稳压电源作为实验电路的直流电源时，在连接线路之前首先调整其输出的电压值与实验要求的电压一致，并用万用表的直流电压挡进行测定。

（2）实验电路连接完成后一定要认真检查，确认无误后方可接通电源，接通电源时要注意监视各仪表的指示及电路状态，有疑问应立即关闭电源并及时请教指导教师。

（3）实验前必须认真阅读仪器仪表的使用方法及注意事项，实验过程中要严格执行仪器仪表的使用规则及其测量方法。

3.1.7　实验内容

1. 叠加定理

（1）参照图 3.1 连接电路，电路中电压源的参考电压值为 $U_{S1} = 15\ \text{V}$，$U_{S2} = 6\ \text{V}$；电阻的参考阻值为 $R_1 = 1\ \text{k}\Omega$，$R_2 = 510\ \Omega$，$R_3 = 200\ \Omega$，$R_4 = 200\ \Omega$，$R_5 = 300\ \Omega$。

（2）接通电源，用万用表直流电压挡分别测量电阻 R_1、R_2、R_3 两端的电压 U_{R1}、U_{R2}、U_{R3}，各电阻的电压参考方向参照图 3.1 所示，将测量数据填入表 3.1 中。

（3）关掉电路电源，然后将电压源 U_{S2} 从电路中去除（用短路线或双向开关替代 U_{S2}）。再次接通电源，重新按照之前规定的电压参考方向用万用表直流电压挡分别测量电阻 R_1、R_2、R_3 两端的电压 U'_{R1}、U'_{R2}、U'_{R3}，并将测量数据填入表 3.1 中。

（4）关掉电路电源，将电压源 U_{S2} 恢复为之前的连接，将电压源 U_{S1} 从电路中去除（用短路线或双向开关替代 U_{S1}），再次接通电源，重新按照之前规定的电压参考方向用万用表直流电压挡分别测量电阻 R_1、R_2、R_3 两端的电压 U''_{R1}、U''_{R2}、U''_{R3}，并将测量数据填入表 3.1 中。

表 3.1　叠加定理实验数据

项目　　　　值	计算值／V			测量值／V		
	U_{R_1}	U_{R_2}	U_{R_3}	U_{R_1}	U_{R_2}	U_{R_3}
U_{S_1}、U_{S_2} 共同作用						
U_{S_1} 单独作用	U'_{R_1}	U'_{R_2}	U'_{R_3}	U'_{R1}	U'_{R2}	U'_{R3}
U_{S_2} 单独作用	U''_{R1}	U''_{R2}	U''_{R3}	U''_{R_1}	U''_{R_2}	U''_{R_3}

2．戴维宁定理

（1）参照图 3.2 连接电路，电路中电压源的参考电压值为 $U_{S1}=6$ V，$U_{S2}=15$ V；电阻的参考阻值为 $R_1=620$ Ω，$R_2=100$ Ω，$R_3=100$ Ω，$R_4=200$ Ω。

（2）测定有源二端网络的开路电压 U_{oc}。开路电压 U_{oc} 的测定方法：将图 3.2 中的直流毫安表与 R_L 的支路断开后接通电源，得到有源二端网络，如图 3.10 所示。然后，用万用表的直流电压挡测得图中 a、b 两端电压 U_{ab} 即为开路电压 U_{oc}，比较计算值和测量值的大小，如果符合误差范围，将测量结果填入表 3.2 中。

（3）测定等效内阻 R_0。若有源二端网络各电源是理想电压源，则可在关闭电源后取下 U_{S1} 和

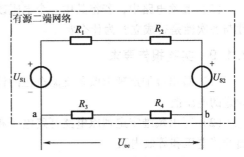

图 3.10　有源二端网络测量电路图

U_{S2}，用短路线代替电源，变成无源二端网络。此时用万用表的电阻挡测量该网络 a、b 两端间的电阻 R_{ab} 的阻值，即为等效内阻 R_0 的阻值，比较计算值和测量值的大小，如果符合误差范围，将测量结果填入表 3.2 中。

（4）测定原电路的外特性曲线。将毫安表与 R_L 的支路重新串联接到电路中，接通电源，将万用表正确并联到 a、b 两端，分次调节负载 R_L 的电阻值，选取 3 个不同的阻值，测量对应的电压及电流值，并将测量数据及计量单位准确填入表 3.2 中。根据这三组测量值按一定比例尺画出伏安特性曲线，并根据曲线求出 U_{oc} 和 R_0 的值，将计算结果与仿真结果和实验结果相比较，进行误差分析。

表 3.2　有源二端网络戴维宁定理实验数据

项目　　　　值	计算值		测量值		实验曲线求得值		
	U_{oc}	R_0	U_{oc}	R_0	U_{oc}	I_S	R_0
二端口网络							
电路外特性测量	$R_L=100$ Ω		$R_L=500$ Ω		$R_L=1\,000$ Ω		
	U_1	I_1	U_2	I_2	U_3		I_3

（5）测定戴维宁等效电路的外特性曲线。参照图 3.3 正确连接线路，选择一个直流稳压电源，将其电压值调节至 U_{oc} 的实际测量值；选择一个可调电阻作为等效内阻 R_0，调节其阻值为

R_{ab}的测量值，由U_{oc}和R_0串联组成一个新的有源二端网络，它就是图 3.2 电路中有源二端网络的戴维宁等效电路。然后将毫安表与R_L串联到电路中，将万用表正确并联到负载两端。接通电源，分别调节负载R_L的电阻值与表 3.2 中选择的 3 个阻值相同，测出对应的 3 组电压U及电流I的数据，将测量数据及计量单位准确填入表 3.3 中。根据实验数据按一定比例尺画出戴维宁等效电源的外特性曲线，与（4）中外特性曲线相对照，进行误差分析。

表 3.3　戴维宁定理等效电路实验数据

$R_L = 100\ \Omega$		$R_L = 500\ \Omega$		$R_L = 1\ 000\ \Omega$		实验曲线求得值		
U_1	I_1	U_2	I_2	U_3	I_3	U'_{oc}	I'_S	R'_0

3.1.8　实验思考题

（1）利用本实验的仪器设备，如何测定电压源的输出电压和内阻？

（2）实验电路中，若将其中一个电阻改为非线性的二极管元器件，试问叠加定理的叠加性与齐次性是否成立？为什么？

3.1.9　实验报告要求

（1）写出叠加定理求取各支路电压的计算过程，并根据所给参数值准确地计算出所有预测量的电压值。

（2）写出戴维宁定理原电路开路电压和等效内阻的求取过程，并根据所给参数准确计算出开路电压和等效内阻。

（3）写出戴维宁定理原电路和等效电路接入不同阻值负载时的参数计算过程。

（4）完成表 3.1 中数据的误差计算，并对计算结果进行误差分析。

（5）完成表 3.2 中数据的误差计算和分析，并在坐标纸上绘制原电路的外特性曲线。

（6）完成表 3.3 中数据的误差计算和分析，并在坐标纸上绘制等效电路的外特性曲线。

（7）对实验过程中出现的现象、故障及解决过程进行分析，写出建议和感想。

3.2　一阶电路响应的仿真与实验

3.2.1　仿真与实验的目的和意义

（1）掌握 RC 一阶电路暂态响应的变化过程，加深对因电路参数变化对暂态过程影响的理解。

（2）掌握实验电路的连接、测试及调整方法。

（3）熟悉信号发生器及示波器的使用。

（4）掌握示波器测定 RC 电路暂态过程时间常数的方法。

（5）理解时间常数变化对微分电路和积分电路输出波形的影响。

（6）通过仿真分析加深对电路基本原理的理解，并为元器件连接实验做好准备。

3.2.2　实验预习

（1）复习 RC 一阶电路暂态响应的工作过程，以及积分电路和微分电路的工作原理。

（2）掌握 RC 参数变化对输出波形的影响。

（3）根据电路参数列写积分电路的动态方程，求取时间常数，并分析时间常数与输入脉冲脉宽（或周期）的关系。

（4）熟悉电路连接过程，列写实验步骤。

（5）根据实验中要测试的实验数据画出数据记录表格。

3.2.3　实验原理

RC 电路电容器的充、放电过程，理论上需持续无穷长的时间，但从工程应用角度考虑，可以认为经过 $t_p = (3\sim5)\tau$ 的时间就基本结束，持续的时间很短暂，因而称为暂态过程。暂态过程所需时间取决于 RC 电路的时间常数。

1. 积分电路充、放电曲线

当 RC 电路输入端加矩形脉冲电压时，电容器 C 两端作为输出端，若时间常数 $\tau \gg t_p$，则输出电压 u_C 近似正比于输入电压 u_i 对时间的积分，故此电路称为积分电路。

当 RC 积分电路输入端加矩形脉冲电压时，电容 C 两端作为输出端，若矩形脉冲电压脉宽 $t_p = (3\sim5)\tau$ 或 RC 电路取时间常数 $\tau = (1/5\sim1/3)t_p$，则输出电压 u_C 的波形为典型的充、放电曲线。充、放电电路及 u_C 的波形如图 3.11（a）、（b）所示。RC 积分电路充电过程输出电压变化过程可由式（3.6）求得：

$$u_C(t) = U_m(1 - e^{-\frac{t}{\tau}}) \tag{3.6}$$

式中，U_m 为电容器两端电压最大值；$\tau = RC$ 为时间常数。

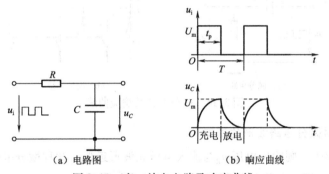

（a）电路图　　　　　（b）响应曲线

图 3.11　充、放电电路及响应曲线

标尺法测定 RC 电路的时间常数 τ 值的步骤如下：

（1）测得电路充电过程中电容器两端电压值（即电容器两端电压最大值 U_m，或称稳态值）；

（2）由于从 $t=0$ 经过一个 τ 的时间 u_C 增长到稳态值的63.2%，当 $t=\tau$ 时，由式（3.6）可得

$$u_C(t) = U_m(1 - e^{-1}) = U_m\left(1 - \frac{1}{2.718}\right) = U_m(1 - 0.368) = 63.2\% \, U_m$$

如图 3.12 所示此时测得电容器两端电压 $u = 0.632U_m$ 时（Q 点）所对应的时间即为电路时间常数 $t = \tau$。

2. 参数变化对积分电路波形的影响

分析积分电路矩形脉冲电压脉宽和时间常数之间关系变化对输出波形的影响，若时间常数 $\tau \gg t_p$，则输出电压 u_C 近似正比于输入电压 u_i 对时间的积分，如图 3.13（a）、（b）所示。

3. 微分电路

当 RC 电路输入端加矩形脉冲电压时，电阻 R 两端作为输出端，若满足 $\tau \ll t_p$，则输出电压 u_R 近似地与输入电压 u_i 对时间的微分成正比，故此电路称为微分电路，微分电路及 u_R 的波

形如图 3.14 （a）、（b）所示。

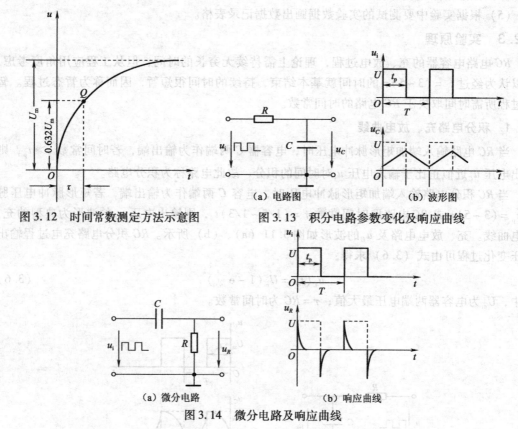

图 3.12　时间常数测定方法示意图　　　　图 3.13　积分电路参数变化及响应曲线

（a）微分电路　　　　　　　　　（b）响应曲线

图 3.14　微分电路及响应曲线

4. 参数变化对微分电路波形的影响

若时间常数 $\tau \gg t_\mathrm{p}$，则输出电压 u_R 与输入电压 u_i 波形近似，此种微分电路转变为放大电路中所采用的级间阻容耦合电路，微分电路及 u_R 的波形如图 3.15 （a）、（b）所示。

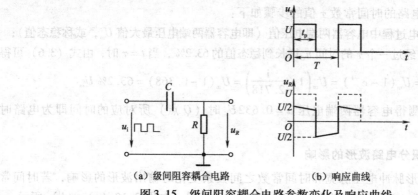

（a）级间阻容耦合电路　　　　　　　（b）响应曲线

图 3.15　级间阻容耦合电路参数变化及响应曲线

3.2.4　仿真分析

1. RC 积分电路

参照图 3.11，RC 积分电路的 Proteus 仿真电路如图 3.16 （a）所示。

（1）仪器仪表和元器件清单。图 3.16（a）所示电路所用的仪器和元器件如下，选取方法参见 2.4 节有关内容。

① 仪器仪表：示波器（OSCILLOSCOPE）、矩形脉冲激励源（VPULSE）和接地端。

② 元器件：固定电阻器（RESISTOR）1 个和电容器（REALCAP）1 个。

（2）电路分析。RC 积分电路是一个由矩形脉冲激励和 R、C 元器件构成的复杂电路，由于需要观察电源电压和电容器两端电压的变化情况，因此选择虚拟仪器中示波器（OSCILLO-SCOPE）的 A、B 通道作为观察通道，合理选择 R、C 元器件参数值，满足 $\tau \gg t_p$，积分电路仿真结果如图 3.16（b）所示，运行结果验证了响应曲线的积分性。时间常数测量参照 2.5.3 节相关内容。请读者自行调整参数仿真并分析参数变化对输出波形的影响。

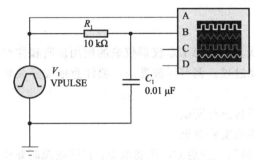
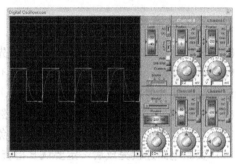

（a）Proteus仿真电路　　　　　　　　　　（b）仿真结果

图 3.16　一阶 RC 积分电路 Proteus 仿真图

2. RC 微分电路

参照图 3.14，组成 RC 微分电路的 Proteus 仿真电路如图 3.17（a）所示。

（1）仪器仪表和元器件清单。

图 3.17（a）所示电路所用的仪器和元器件如下，选取方法参见 2.4 节有关内容。

① 仪器仪表：示波器（OSCILLOSCOPE）、矩形脉冲激励源（VPULSE）、接地端。

② 元器件：固定电阻（RESISTOR）1 个、电容器 1 个。

（2）电路分析。合理选择 R、C 元器件参数值，满足 $\tau \ll t_p$，微分电路仿真结果如图 3.17（b）所示，运行结果验证了响应曲线的微分性。请读者自行调整参数仿真分析参数变化对输出波形的影响。

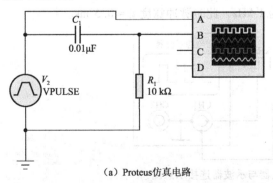
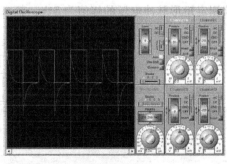

（a）Proteus仿真电路　　　　　　　　　　（b）仿真结果

图 3.17　一阶 RC 微分电路 Proteus 仿真图

3.2.5　实验仪器和元器件

（1）实验仪器：

① 双踪示波器：1 台。

② 函数信号发生器：1 台。

③ 数字万用表：1 块。

（2）实验所需元器件：

① 电容器：4 个（参数不同）。

② 电阻器：4 个（参数不同）。

3.2.6　实验注意事项

（1）使用示波器和信号发生器之前应首先认真学习第 1 章仪器仪表的使用说明和注意事项：辉度不要过亮；调节仪器旋钮时，动作不要过猛；调节示波器时，要注意触发开关和电平调节旋钮的配合使用，使波形稳定。

（2）示波器使用之前要首先进行自校，然后再进行测试。

（3）电容器长时间使用要注意放电，以免影响实验效果。

（4）实验电路连接完成后一定要认真检查，确认无误后方可接通电源，接通电源时要注意观察各仪表的指示及电路状态，有疑问应立即关闭电源并及时请教指导教师。

3.2.7　实验内容

1. 信号发生器和示波器的调节

本实验的输入电压 u_i 为幅值 5 V，频率 1 kHz 的矩形波脉冲。信号发生器和示波器的具体调节步骤如下：

（1）双踪示波器自校：调节双踪示波器使之处于工作状态，调节方法参见 1.6 节相关内容。

（2）函数信号发生器的调节：调节函数信号发生器从功率端输出幅值为 5 V，频率为 1 kHz 的方波。

（3）仪器连接：如图 3.18 所示连接信号发生器和示波器，调节函数信号发生器，用示波器测定矩形脉冲电压的幅值为 5 V，频率为 1 kHz，此时脉冲宽度 $t_p \approx 0.5$ ms。

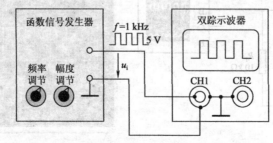

图 3.18　信号发生器与示波器连接示意图

注意：为防止外界干扰，信号发生器的接地端与示波器的接地端要相连一致（称共地）。

2．时间常数测定

（1）参照图 3.19 连接电路，电阻参考值 $R = 10\ \text{k}\Omega$，电容参考值 $C = 0.01\ \mu\text{F}$，观察电压 u_i 和 u_C 的波形。

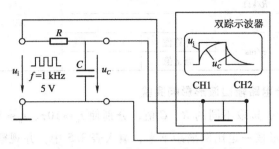

图 3.19　RC 电路充、放电实验电路图

（2）测定 RC 电路的时间常数 τ。

① 将示波器"通道选择开关"置于双路显示方式，"扫描时间开关"旋至适当位置，并将"扫描时间开关"的微调旋钮右旋置于校准挡（使微调值为零），使波形稳定，观察 u_i 和 u_C 的波形。

② 保留 u_C 的波形，调节 X、Y 轴移位旋钮，使荧光屏上 u_C 的波形处于适当位置。

③ 根据情况，可适当选择"幅度衰减"及"扫描扩展"挡位，以方便观察和读测数据。

④ 用标尺法测定 τ 值（即测定两点间水平距离），其输出波形如图 3.20 所示。

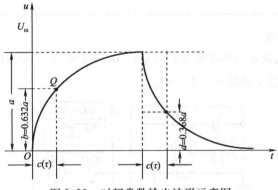

图 3.20　时间常数输出波形示意图

具体步骤如下描述：

① 测得荧光屏上电容器两端电压的最大值 U_m 对应的格数：$a(\text{div}) = U_m$（div 为格数）；然后选取 $t = \tau$ 时的电容器两端电压（Q 点）对应的格数：$b(\text{div}) = 0.632a$，测量此时时间轴对应的格数 $c(\tau)$，则所测时间常数为

$$\tau = (S(\text{ms})/\text{div} \times c(\text{div}))/k$$

式中，S 为"扫描时间开关"指示值，通常选择为 0.5 ms；k 为扩展倍数，通常为 1。

② 将荧光屏上读测的 τ 值及电容器充、放电的波形按比例绘制出来，填入表 3.4 中。

表 3.4　时间常数测定数据及波形记录

波形名称	参　数		波　形　图
RC 电路 暂态过程 电容器两端 电压 u_C 波形	t_p/ms		
	$R/\text{k}\Omega$		
	$C/\mu\text{F}$		
	τ/ms	计算值	
		测量值	

3．参数变化对积分电路输出波形影响实验

在图 3.19 的基础上，选取不同的 R、C 值，分别使 $t_p \approx 10\tau$、$t_p \approx 5\tau$、$t_p \approx 1/2\tau$，将示波器荧光屏上观察到的波形按一定比例描绘下来，填入表 3.5 中，并观察 τ 值变化对积分波形的影响。

表 3.5　RC 积分电路输出电压波形记录

记录 参数	$t_p \approx (\quad) \tau$	$t_p \approx (\quad) \tau$	$t_p \approx (\quad) \tau$
t_p/ms			
$R/\text{k}\Omega$			
$C/\mu\text{F}$			
τ 计算值/ms			
波形			

4．RC 微分电路实验

按图 3.21 接线，选取电阻参考值 $R = 10\ \text{k}\Omega$，电容参考值 $C = 0.01\ \mu\text{F}$，使 $\tau \approx 0.1 t_p$，观察输出端 u 的波形并描绘下来填入表 3.6 中。

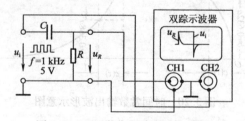

图 3.21　RC 微分电路实验电路图

表 3.6　RC 微分电路测定数据及波形记录

波形名称	参　数		波　形　图
RC 电路 暂态过程 电阻两端电压 u_R 波形	t_p/ms		
	$R/\text{k}\Omega$		
	$C/\mu\text{F}$		
	τ/ms	计算值	
		测量值	

在图 3.21 的基础上，选取不同的 R 及 C 值，分别使 $t_p \approx 10\tau$、$t_p \approx 5\tau$、$t_p \approx 1/2\tau$，将示波器荧光屏上观察到的波形按一定比例描绘下来，填入表 3.7 中。观察 τ 值变化对微分波形的影响。

表 3.7　RC 微分电路输出电压波形记录

参数 ＼ 记录	$t_P \approx (\quad) \tau$	$t_P \approx (\quad) \tau$	$t_P \approx (\quad) \tau$
t_p / ms			
R/kΩ			
C/μF			
τ 计算值/ms			
波形			

3.2.8　实验思考题

（1）在积分电路和微分电路中，时间常数 τ 的变化对 RC 电路暂态过程的影响是否相同？

（2）当脉冲信号以不同频率输入时，已定参数的 RC 积分电路和微分电路的输出电压是否仍保持积分和微分关系？

3.2.9　实验报告要求

（1）明确 RC 一阶积分电路的暂态过程，写出暂态过程时间常数的测量和计算方法，并总结时间常数 τ 对 RC 积分电路暂态过程的影响。

（2）计算时间常数的误差，对计算结果进行误差分析。

（3）总结时间常数对 RC 微分电路暂态过程的影响。

（4）对实验过程中出现的现象、故障及解决过程进行分析，写出建议和感想。

3.3　单相交流参数测定及功率因数提高的仿真与实验

3.3.1　仿真与实验的目的和意义

（1）掌握实验测定单一元器件正弦交流电路基本参数的方法。

（2）加深理解单一元器件端电压与电流之间的关系。

（3）验证 RLC 串联交流电路基尔霍夫电压定律（KVL）。

（4）验证并联电容器提高功率因数的方法。

（5）掌握实验电路地连接、测试及调整方法。

（6）熟悉交流电流表、电压表和功率表的使用方法。

（7）通过仿真分析加深对基本原理的理解，并为实际操作实验做好准备。

3.3.2　实验预习

（1）复习并推导单一元器件参数相量的欧姆定律的表达式。

（2）完成 *RLC* 串联电路基尔霍夫电压定律的推导和计算。

（3）完成并联电容器的方法提高功率因数的电路参数计算。

（4）熟悉电路连接过程，列写实验步骤。

（5）根据实验中要测试的实验数据画出数据记录表格。

3.3.3 实验原理

1. 单相交流参数测定

在正弦交流信号的作用下，阻抗 Z 两端电压 $\dot{U}$ 与流过的电流 $\dot{I}$ 关系为

$$\dot{U} = Z\dot{I} \tag{3.7}$$

电路阻抗可以表示为

$$Z = R + jX \tag{3.8}$$

电路的等效参数 R、X 和 Z 可以利用交流电压表、交流电流表及功率表，分别测量出元器件两端电压 U、流经元器件的电流 I 和元器件所消耗功率 P 计算得到，这种方法称为三表法。

$$R = P/I^2 \tag{3.9}$$

$$|Z| = U/I \tag{3.10}$$

$$X = \sqrt{|Z|^2 - R^2} \tag{3.11}$$

单一元器件（R、Lr、C）电流、有功功率和功率因数计算方法如表 3.8 所示。

表 3.8　单一元器件电流、有功功率和功率因数计算方法

测量方法 项目	R	Lr	C
电流	$\dfrac{U}{R}$	$\dfrac{U}{\sqrt{r^2 + (\omega L)^2}}$	ωCU
有功功率	$UI = I^2 R$	$UI\cos\varphi = I^2 r$	0
功率因数（$\cos\varphi$）	1	$\dfrac{r}{\sqrt{r^2 + (\omega L)^2}}$	0

单一元器件（R、Lr、C）交流参数测定实验电路如图 3.22 所示。

2. 验证 *RLC* 串联电路 KVL 的相量形式

RLC 串联电路验证实验电路如图 3.23 所示。

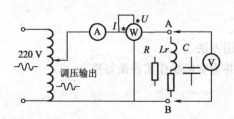

图 3.22　单相交流参数测定实验电路图

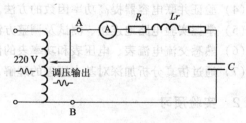

图 3.23　*RLC* 串联电路图

电路阻抗 Z 表示为

$$Z = R' + jX \tag{3.12}$$

$$\begin{cases} R' = R + r_L \\ X = X_L - X_C \end{cases} \tag{3.13}$$

式中，R 为电阻；r_L 为电感线圈 L 的内阻；X_L 为电感线圈 L 的感抗；X_C 为电容 C 的容抗。

电路中的电压电流关系满足相量形式的欧姆定律

$$\dot{U}_{AB} = \dot{I}Z = \dot{I}\left[(R + r_L) + j(X_L - X_C)\right] \tag{3.14}$$

电路中的电压关系满足相量形式的基尔霍夫电压定律

$$\dot{U}_{AB} = \dot{U}_R + \dot{U}_{L'} + \dot{U}_C \tag{3.15}$$

3. 功率因数提高的方法

对于感性负载，其功率因数一般很低。因此，为提高电源的利用率和减少供电线路的损耗，必须进行无功补偿，以提高线路的功率因数。

提高功率因数的方法，除改善负载本身的工作状态、设计合理外，由于工业负载基本都是感性负载，因此常用的方法是在负载两端并联电容器，补偿无功功率，以提高线路的功率因数。功率因数提高的电路图及相量图如图 3.24（a）、（b）所示。

并联电容器后，电压 u 和线路电流 i 之间的相位差 φ 减小，$\cos\varphi$ 增大，即电源或电网的功率因数提高。功率因数可以利用式（3.16）进行计算。

$$\cos\varphi = P/UI \tag{3.16}$$

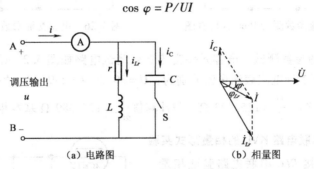

（a）电路图　　　　　　　　　　（b）相量图

图 3.24　功率因数提高的电路及相量图

3.3.4　仿真分析

1. 单相交流参数测试实验

参照图 3.22，绘制单相交流参数测试的 Proteus 仿真电路如图 3.25 所示。

（1）仪器仪表和元器件清单。图 3.25 所示电路所用的仪器和元器件如下，选取方法参见 2.4 节有关内容。

① 仪器仪表：交流电压表（AC VOLTMETER）、交流电流表（AC AMMETER）和正弦信号激励源（VSINE）；

② 元器件：固定电阻器（RESISTOR）2 个、电容器（REALCAP）1 个、电感器（REAL-IND）1 个和开关（SW – SPST）3 个。

设置正弦交流电幅值为 42.4 V，频率 50 Hz，元器件参数如图 3.25 所示，利用开关实现不同元器件间的切换。

（2）单一元器件交流参数测试：

① 电阻元件交流参数测试。电阻元件交流参数测试电路如图 3.25 所示。闭合电阻元件支路开关，交流电压表和电流表测量值分别为：$U = 30$ V，$I = 588$ mA，根据表 3.8 所示电阻元器件测量方法可知测量值 $R = \dfrac{U}{I} = 51.1$ Ω。

② 电感元件交流参数测试。电感元件参数测试电路如图 3.26 所示。闭合电感元件支路开关，交流电压表和电流表测量值分别为：$U = 30$ V，$I = 930$ mA，根据表 3.8 所示电感元件测量方法可知测量值 $|Z| = \dfrac{U}{I} = 32.258$ Ω，与计算值 $\sqrt{r^2 + (\omega L)^2} = 32.108$ 基本相符。

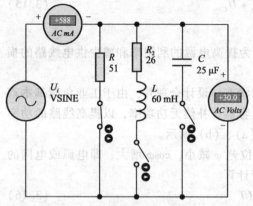

图 3.25　电阻元件交流参数测量 Proteus 仿真图

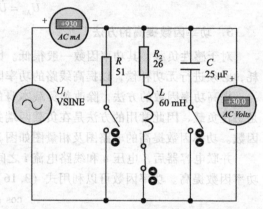

图 3.26　电感交流参数测量 Proteus 仿真图

③ 电容元件交流参数测试。电容元件交流参数测试电路如图 3.27 所示。闭合电容元件支路开关，交流电压表和电流表测量值分别为：$U = 30$ V，$I = 239$ mA，根据表 3.8 所示电容元件测量方法可知 $|Z| = \dfrac{U}{I} = 125.523$ Ω，与计算值 $\dfrac{1}{\omega C} = 127.389$ Ω 基本相符。

2. 验证 RLC 串联电路 KVL 的相量形式实验

参照图 3.23 连接 RLC 串联电路验证相量形式的 KVL，Proteus 仿真电路如图 3.28 所示。

仪器仪表和元器件清单。图 3.28 所示电路所用的仪器和元器件如下，选取方法参见 2.3.2 和 2.4.3 节有关内容。

① 仪器仪表：交流电压表（AC VOLTME-TER）、交流电流表（AC AMMETER）和正弦信号激励源（VSINE）。

② 元器件：固定电阻（RESISTOR）2 个、电容器（REALCAP）1 个和电感器（REAL-IND）1 个。

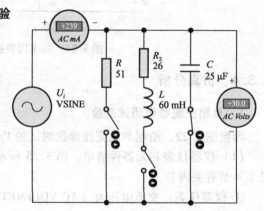

图 3.27　电容元件交流参数测量 Proteus 仿真图

设置正弦交流电幅值为 70.7 V，频率为 50 Hz，元器件参数值如图 3.28 所示。

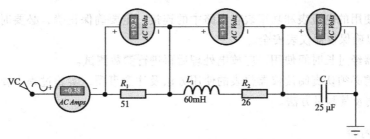

图 3.28 *RLC* 交流串联电路 Proteus 仿真电路

3. 功率因数提高仿真实验

参照图 3.24 连接功率因数提高实验的 Proteus 仿真电路如图 3.29 所示，电路元器件的选取及参数设置与单一参数交流电路的方法一样，此处不再赘述。

如图 3.29（a）所示，先将电容元件支路开关断开，不接入电容元件，测得原电路的电流为 930 mA；然后将电容元件支路开关闭合，并联接入电容元件，如图 3.29（b）所示，电路的电流减少为 811 mA，可见，在负载工作状态不变的情况下，功率因数提高了，电流降低了。

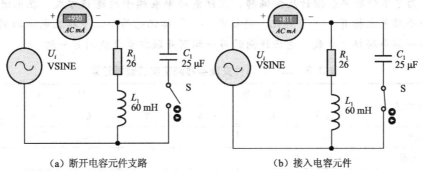

（a）断开电容元件支路   （b）接入电容元件

图 3.29 功率因数提高电路 Proteus 仿真图

3.3.5 实验仪器和元器件

（1）实验仪器：
① 数字万用表：1 块。
② 交流电流表：1 块。
③ 交流功率表：1 块。
④ 变压器：1 台。
（2）实验所需元器件：
① 电容器：1 个。
② 电感器：1 个。
③ 电阻器：1 个。

3.3.6 实验注意事项

（1）本实验直接使用 220 V 交流电源通过变压器输出供电，电源接入电路之前一定要先调整到实验要求的电压值，并反复测量确保电压正确。每次调整变压器一定要把外接电路全部断开。实验中要特别注意人身安全，必须严格遵守安全用电操作规程。

（2）实验使用的电流表和功率表在电路中的连接一定要确保正确，必要时请指导教师检查后再通电，以确保仪器仪表安全。

（3）电容器经过长时间使用，应放电处理后再进行参数测试。

（4）实验前必须认真阅读仪器仪表的使用方法及注意事项，实验过程中要严格执行仪器仪表的使用规则及其测量方法。

3.3.7 实验内容

1. 单一元器件交流参数测定

实验中所用元器件参考值为电阻 $R = 51\ \Omega$，电容 $C = 25\ \mu F$，电感线圈电感 $L = 60\ mH$，内阻 $r_L = 26\ \Omega$。先调节变压器输出为 30 V，然后连接电路，通电后再调整元件两端电压为 30 V。参照图 3.22 正确连接线路，分别依次将电阻器、电容器和电感线圈连接在 A、B 两点之间。测量出对应的 3 组电流 I、电压 U 及功率 P，将测量数据及计量单位准确填入表 3.9 中，并根据测量值计算出元器件参数值，再与电路实际选用的元器件参数值相比较，进行误差分析。

注意： 为了不使功率表指针反向偏转，应注意功率表端子的连接方式。在电流线圈和电压线圈的一个端子上标有"＊"标记，将标有"＊"标记的两个端子接在电源的同一端，电流线圈的另一端串联接至负载，电压线圈的另一端则并联接至负载的另一端。

表 3.9 单一元器件交流参数测定实验数据记录

被测元器件	测　量　值			计　算　值			
	U_{AB}/V	I/A	P/W	R	L	r_L	C
电阻器	30						
电感线圈	30						
电容器	30						

2. 验证 RLC 串联电路 KVL 的相量形式实验

调节变压器输出为 50 V，并注意在实验过程中保持此电压值不变。参照图 3.23 正确连接线路，测量电路中的电流值和各元器件的交流电压值，将测量数据准确填入表 3.10 中，并通过相量计算验证 KVL。

需要注意的是交流电压表和电流表测量得到的数值均为有效值，验证计算时需要将其转化为相量值。

表 3.10 RLC 串联电路实验数据记录

U_{AB}/V	计　算　值				测　量　值			
	U_R/V	U_L/V	U_C/V	I/A	U_R/V	U_{Lr}/V	U_C/V	I/A
50								

3. 功率因数提高实验

（1）参照图 3.24 正确连接线路。调节变压器输出为 30 V，并注意在实验过程中保持此电压值不变。将电感线圈连接在 a、b 两点之间，测量此时电路中的电流 I_{Lr}、电压 U_{Lr} 及功率 P_{Lr}，填入表 3.11 中，并计算功率因数。

（2）在原电路的基础上，并联电容 C，测量此时电路中的电流 I、电压 U 及功率 P，填入表 3.11 中，并计算功率因数。

表 3.11　功率因数提高电路实验数据记录

项目	计算值				测量值			
	P_{Lr}	U_{Lr}	I_{Lr}	$\cos\varphi_{Lr}$	P_{Lr}	U_{Lr}	I_{Lr}	$\cos\varphi_{Lr}$
并联电容前								
并联电容后	P	U	I	$\cos\varphi$	P	U	I	$\cos\varphi$

3.3.8　实验思考题

（1）如何利用实验室现有设备实现 RLC 无源网络阻抗性质的判定。

（2）为了提高电路的功率因数，常在感性负载上并联电容器，此时增加了一条电流支路，试问电路的总电流是否变化？此时感性负载上的电流和功率是否改变？

（3）提高电路功率因数为什么只采用并联电容器法，而不采用串联法？所用的电容器是否越大越好？

3.3.9　实验报告要求

（1）明确相量的欧姆定律和基尔霍夫定律的表达形式，写出交流参数测定理论值的计算过程。

（2）完成表 3.9 ~ 表 3.11 中数据的计算，并对计算结果进行分析。

（3）对实验过程中出现的现象、故障及解决过程进行分析，写出建议和感想。

3.4　三相电路的仿真与实验

3.4.1　仿真与实验的目的和意义

（1）掌握三相负载星形连接和三角形连接方法，验证两种连接方法电量之间的关系。

（2）加深理解三相四线制供电线路中的中性线的作用。

（3）学习电阻性三相负载的星形连接和三角形连接的方法和参数测试方法。

（4）通过仿真分析加深对基本原理的理解，并为实际操作实验做好准备。

3.4.2　实验预习

（1）复习三相电路负载星形连接和三角形连接时的电路特性。

（2）熟悉电路连接过程，列写实验步骤。

（3）根据实验中要测试的实验数据画出数据记录表格。

3.4.3　实验原理

在三相电源对称的情况下，三相负载可以接成星形（Y）或三角形（△）。

1. 负载星形连接三相电路

（1）有中性线。负载星形连接的三相四线制（有中性线）电路如图 3.30 所示。每相负

载中的电流 I_P 称为相电流，每根相线（火线）中的电流 I_L 称为线电流。根据电路结构可知，无论负载是否对称，线电流都等于相电流，即

$$I_L = I_P \tag{3.17}$$

由于 $\dot{U}_{O'O} = 0$，因此 $\dot{U}_{AO'} = \dot{U}_A$，$\dot{U}_{BO'} = \dot{U}_B$，$\dot{U}_{CO'} = \dot{U}_C$。电压、电流关系如下：

$$\dot{I}_A = \frac{\dot{U}_A}{Z_A} \tag{3.18}$$

$$\dot{I}_B = \frac{\dot{U}_B}{Z_B} \tag{3.19}$$

$$\dot{I}_C = \frac{\dot{U}_C}{Z_C} \tag{3.20}$$

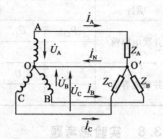

图 3.30 负载星形连接的三相四线制（有中性线）电路图

根据 KCL 可知，中性线电流与各相电流关系为

$$\dot{I}_N = \dot{I}_A + \dot{I}_B + \dot{I}_C \tag{3.21}$$

当负载对称时（即 $Z_A = Z_B = Z_C = Z$），由于电压对称，因此负载相电流也是对称的，即

$$I_A = I_B = I_C = I_P = \frac{U_P}{|Z|} \tag{3.22}$$

$$\varphi_A = \varphi_B = \varphi_C = \varphi = \arctan\frac{X}{R} \tag{3.23}$$

此时，流过中性线的电流 $I_N = 0$。

当负载不对称时（即 $Z_A \neq Z_B \neq Z_C$），此时流过中线的电流 $\dot{I}_N = \dot{I}_A + \dot{I}_B + \dot{I}_C \neq 0$，得到如图 3.31 所示的三相三线制电路。

既然无电流流过中性线，则可以将中性线省略。

（2）无中性线。负载星形连接的三相三线制（无中性线）电路如图 3.31 所示。

$$\dot{U}_{O'O} = \frac{\dfrac{\dot{U}_A}{Z_A} + \dfrac{\dot{U}_B}{Z_B} + \dfrac{\dot{U}_C}{Z_C}}{\dfrac{1}{Z_A} + \dfrac{1}{Z_B} + \dfrac{1}{Z_C}} \tag{3.24}$$

当负载对称时（即 $Z_A = Z_B = Z_C = Z$），$\dot{U}_{O'O} = 0$（与有中性线时情况相同）。

当负载不对称时，由于 $\dot{U}_{O'O} \neq 0$，则有

$$\dot{I}_A = \frac{\dot{U}_A - \dot{U}_{O'O}}{Z_A} \tag{3.25}$$

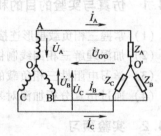

图 3.31 负载星形连接的三相三线制（无中性线）电路图

$$\dot{I}_B = \frac{\dot{U}_B - \dot{U}_{O'O}}{Z_B} \tag{3.26}$$

$$\dot{I}_C = \frac{\dot{U}_C - \dot{U}_{O'O}}{Z_C} \tag{3.27}$$

若三相负载不对称而又无中性线（即三相三线制星形连接）时，负载的 3 个相电压不再相等，各相电流也不相等，致使负载阻抗模小的一相因相电压过高而遭受损坏，负载阻抗模

大的一相因相电压过低而不能正常工作。

　　因此，不对称三相负载做星形连接时，必须采用三相四线制接法，且中性线必须牢固连接，以保证不对称负载相电压。

　　2. 负载三角形连接三相电路

　　负载三角形连接的三相电路如图 3.32 所示。由于各相负载都直接接在电源的线电压上，无论负载是否对称，其相电压与电源的线电压都相等，即

$$U_L = U_P \tag{3.28}$$

　　负载的相电流

$$\dot{I}_{AB} = \frac{\dot{U}_{AB}}{Z_{AB}} \tag{3.29}$$

$$\dot{I}_{BC} = \frac{\dot{U}_{BC}}{Z_{BC}} \tag{3.30}$$

$$\dot{I}_{CA} = \frac{\dot{U}_{CA}}{Z_{CA}} \tag{3.31}$$

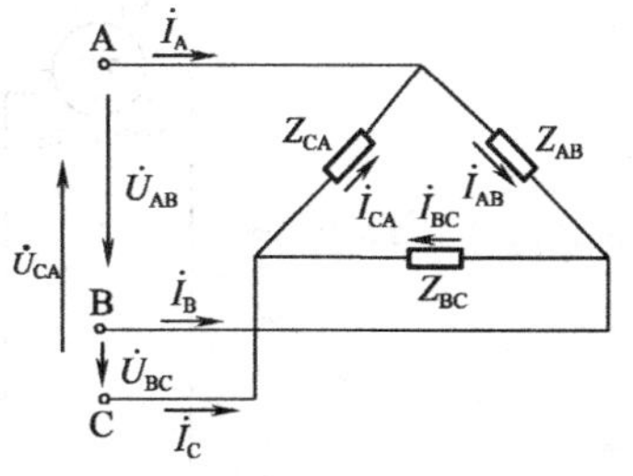

　　负载的线电流

图 3.32　负载三角形连接三相电路图

$$\dot{I}_A = \dot{I}_{AB} - \dot{I}_{CA} \tag{3.32}$$

$$\dot{I}_B = \dot{I}_{BC} - \dot{I}_{AB} \tag{3.33}$$

$$\dot{I}_C = \dot{I}_{CA} - \dot{I}_{BC} \tag{3.34}$$

　　当负载对称时（即 $Z_A = Z_B = Z_C = Z$），其相电流也对称，相电流与线电流之间的关系为

$$I_L = \sqrt{3}\,I_P \tag{3.35}$$

　　当负载不对称时，线电流与相电流之间不再是 $\sqrt{3}$ 倍的关系

$$I_L \neq \sqrt{3}\,I_P \tag{3.36}$$

　　当三相负载做三角形连接时，无论负载是否对称，只要电源的线电压 U_L 对称，加在三相负载上的电压 U_P 仍是对称的，对各相负载工作没有影响。

3.4.4　仿真分析

　　1. 负载星形连接三相电路

　　参照图 3.30，负载星形连接三相电路的 Proteus 仿真电路如图 3.33 所示，它是一个由三相对称电压、6 个参数相同的灯泡构成的复杂电路，由开关来控制相应支路的通断。

　　（1）仪器仪表和元器件清单。图 3.33 所示电路所用的仪器和元器件如下，选取方法参见 2.3.2 和 2.4.3 节有关内容。

　　① 仪器仪表：交流电压表（AC VOLTMETER）4 个、交流电流表（AC AMMETER）7 个和三相交流电源（V3PHASE）。

　　② 元器件：灯泡（LAMP）6 个和开关（SW - SPST）4 个。

　　三相交流电源设置为有效值 127 V（幅值为 180V），频率 50 Hz，内阻为 10 Ω 的正弦交流电，灯泡设置为额定电压 220 V，内阻 3 227 Ω。

　　（2）有中性线负载对称的三相电路。如图 3.33 所示，将电路开关全部闭合，保持每相

负载 2 个灯都点亮，由测量结果可见，电源电压对称，负载对称，得到相电压、相电流均对称，中性线电流为 0。

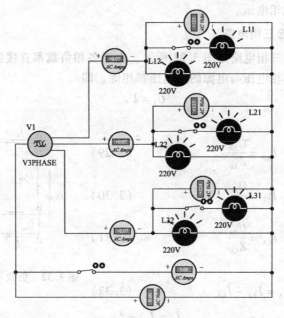

图 3.33　负载星形连接三相电路 Proteus 仿真图

（3）有中性线负载不对称的三相电路。如图 3.34 所示，将任意一相负载开关断开，保持其余两相负载 2 个灯都点亮，由测量结果可见，电源电压对称，负载不对称，得到相电压对称，相电流不对称，中性线电流不为 0。

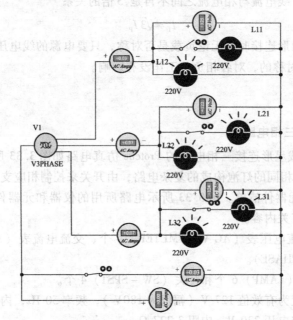

图 3.34　有中性线负载不对称的三相电路 Proteus 仿真图

（4）无中性线负载对称的三相电路。如图 3.35 所示，电路中性线开关断开，保持每相负载 2 个灯都点亮，由测量结果可见，电源电压对称，负载对称，得到相电压、相电流均对称。

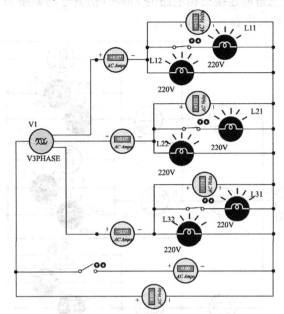

图 3.35　无中性线负载对称的三相电路 Proteus 仿真图

（5）无中性线负载不对称的三相电路。如图 3.36 所示，中性线开关断开，任意一相负载开关断开，保持其余两相负载 2 个灯都点亮，由测量结果可见，电源电压对称，负载不对称，得到相电压和相电流均不对称，中点间电压不为 0。

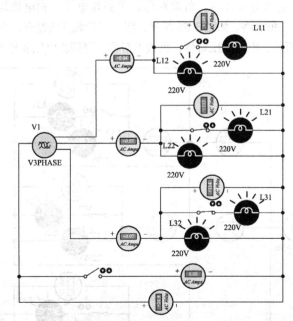

图 3.36　无中性线负载不对称的三相电路 Proteus 仿真图

2. 负载三角形连接三相电路

参照图 3.32，负载三角形连接三相电路的 Proteus 仿真电路如图 3.37 所示，所用元器件的选择添加可参阅本节相关内容。

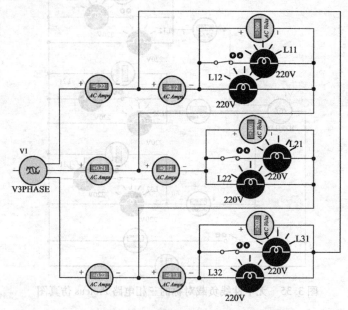

图 3.37 负载三角形连接三相电路 Proteus 仿真图

（1）负载对称的三相电路。如图 3.37 所示，将电路开关闭合，保持每相负载 2 个灯都点亮，由测量结果可见，电源电压对称，负载对称，得到相电压、相电流均对称。

（2）负载不对称的三相电路。如图 3.38 所示，将一相负载开关断开，保持其余两相负载 2 个灯都点亮，由测量结果可见，电源电压对称，负载不对称，得到相电压和相电流均不对称。

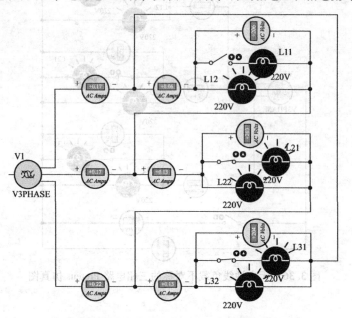

图 3.38 负载不对称的三相电路 Proteus 仿真图

3.4.5　实验仪器和元器件

（1）实验仪器：

① 数字万用表：1 块。

② 交流电流表：1 块。

③ 变压器：1 台。

（2）实验所需元器件：

① 电灯泡：6 只（60W、220V）。

② 开关：3 个。

3.4.6　实验注意事项

（1）为了保证安全，本实验采取线电压 220 V，相电压 127 V 进行实验，注意按要求调节变压器输出。在实验过程中要随时监测三相电压值，确保各相电压保持不变。

（2）连接电路时一定注意连接线要牢固，裸露的金属部分不要发生短路，调整电路时一定要先断开电源。

（3）实验前必须认真阅读仪器仪表的使用方法及注意事项，实验过程中要严格执行仪器仪表的使用规则及其测量方法。

3.4.7　实验内容

1. 负载星形连接三相电路

实验过程中将变压器相电压调整到 127 V。选择 6 个 15 W、220 V 的电灯泡两两并联，然后星形连接到三相电路中，电路中负载连接方式如图 3.39 所示。

分别针对下列各种情况测量三相负载的线电压、相电压及中性点间电压，三相负载的线电流、相电流及中性线电流。将测量数据分别填入表 3.12 ～ 表 3.15 中，分析测量结果，并做出相应的相量图。

（1）有中性线负载对称的三相电路测量。保持每相负载 2 个灯都点亮，将测量数据准确填入表 3.12 中。

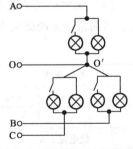

图 3.39　负载星形连接
实验电路图

表 3.12　有中性线负载对称三相电路测量

线电压/V			相电压/V			U_L 与 U_P 有无 $\sqrt{3}$ 关系	相量图
U_{AB}	U_{BC}	U_{CA}	$U_{AO'}$	$U_{BO'}$	$U_{CO'}$		
线电流/A			相电流/A			中性线电流 / A	
I_A	I_B	I_C	$I_{AO'}$	$I_{BO'}$	$I_{CO'}$	$I_{O'O}$	

（2）有中性线负载不对称的三相电路测量。任选其中一相保持只亮 1 个灯，将测量数据准确填入表 3.13 中。

表 3.13　有中性线负载不对称三相电路测量

线电压/V			相电压/V			U_L 与 U_P 有无 $\sqrt{3}$ 关系	相量图
U_{AB}	U_{BC}	U_{CA}	$U_{AO'}$	$U_{BO'}$	$U_{CO'}$		
线电流/A			相电流/A			中性线电流/A	
I_A	I_B	I_C	$I_{AO'}$	$I_{BO'}$	$I_{CO'}$	$I_{O'O}$	

（3）无中性线负载对称的三相电路测量。中性线断开，保持每相负载 2 个灯都点亮，将测量数据准确填入表 3.14 中。

表 3.14　无中性线负载对称三相电路测量

线电压 / V			相电压 / V			中性点电压 / V	相量图
U_{AB}	U_{BC}	U_{CA}	$U_{AO'}$	$U_{BO'}$	$U_{CO'}$	$U_{O'O}$	
线电流 / A			相电流 / A			U_L 与 U_P 有无 $\sqrt{3}$ 关系	
I_A	I_B	I_C	$I_{AO'}$	$I_{BO'}$	$I_{CO'}$		

（4）无中性线负载不对称的三相电路测量。中性线断开，任选其中一相保持只亮 1 个灯，将测量数据准确填入表 3.15 中。

表 3.15　无中性线负载不对称三相电路测量

线电压/V			相电压/V			中性点电压/V	相量图
U_{AB}	U_{BC}	U_{CA}	$U_{AO'}$	$U_{BO'}$	$U_{CO'}$	$U_{O'O}$	
线电流 / A			相电流 / A			U_L 与 U_P 有无 $\sqrt{3}$ 关系	
I_A	I_B	I_C	$I_{AO'}$	$I_{BO'}$	$I_{CO'}$		

2. 负载三角形连接三相电路

实验过程中保持变压器相电压 127 V 不变，以保证线电压为 220 V。选择 6 个 15 W、220 V 的电灯泡两两并联，然后三角形连接到三相电路中，电路中负载连接方式如图 3.40 所示。

分别针对下列各种情况测量三相负载的线电压和相电压，三相负载的线电流和相电流。将测量数据分别填入表 3.16、表 3.17 中，并做出相应的相量图。

（1）负载对称的三相电路测量。保持每相负载 2 个灯都点亮，将测量数据准确填入表 3.16 中。

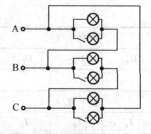

图 3.40　负载三角形连接
实验电路图

表 3.16　三角形连接负载对称三相电路测量

线（相）电压/V		线电流/A		相电流/A		I_L 与 I_P 有无 $\sqrt{3}$ 关系	相　量　图
U_{AB}		I_A		I_{AB}			
U_{BC}		I_B		I_{BC}			
U_{CA}		I_C		I_{CA}			

（2）负载不对称的三相电路测量。任选其中一相保持只亮 1 个灯，将测量数据准确填入表 3.17 中。

表 3.17　三角形连接负载不对称三相电路测量

线（相）电压/V		线电流/A		相电流/A		I_L 与 I_P 有无 $\sqrt{3}$ 关系	相　量　图
U_{AB}		I_A		I_{AB}			
U_{BC}		I_B		I_{BC}			
U_{CA}		I_C		I_{CA}			

3.4.8　实验思考题

（1）负载星形连接时，中性线的作用是什么？为什么中性线不允许装熔丝和开关？

（2）完全相同的 3 个灯泡分别做三相三线制和三相四线制星形连接时，当一相短路或断路时，另两相灯泡如何变化？

（3）本次实验中为什么要通过三相调压器将 380 V 的电压降为 220 V 的线电压使用？

3.4.9　实验报告要求

（1）明确不同连接方式下三相电路线、相电压及电流之间的对应关系，明确星形连接状态下中性线的作用。

（2）完成表 3.12～表 3.17 中数据的计算，对计算结果进行分析，并绘制相应的相量图。

（3）对实验过程中出现的现象、故障及解决过程进行分析，写出建议和感想。

3.5　三相异步电动机的控制实验

3.5.1　实验目的和意义

（1）掌握三相异步电动机直接启动和正反转的控制原理和工作过程，并理解自锁和互锁的作用。

（2）掌握两台异步电动机的顺序控制方法并理解其工作原理。

（3）掌握时间继电器和行程开关等控制电器的应用，掌握时间控制线路和行程控制线路的工作原理。

3.5.2　实验预习

（1）复习三相异步电动机的工作原理，并理解短路保护、过载保护和零压保护的概念。

（2）复习复式按钮、交流接触器、热继电器、时间继电器和行程开关等几种常用控制电器的工作原理及其使用方法。

（3）设计三相异步电动机直接启动、点动和正反转电路的实际电路。

（4）设计三相异步电动机顺序控制和行程控制电路连接草图，熟悉实际电路连接过程。

（5）预习本实验的思考题，分析实验过程中可能出现的各种问题。

3.5.3　实验原理

1. 三相异步电动机直接启动和正反转的控制线路

（1）三相异步电动机的直接启动。图 3.41 所示为三相异步电动机直接启动的控制线路图，其中 SB_2 是启动按钮，SB_1 是停车按钮。如果将自锁触点 KM 除去，则可对电动机实现点动控制。该控制线路不仅可以对电动机进行启和停的控制，同时还具有短路保护、过载保护和零压保护的功能。因此，直接启动的控制线路是设计电动机控制线路的基础，其他各种复杂的控制线路都可由它演变而来。

（2）三相异步电动机点动与连续转动的控制线路。

图 3.42 所示为三相异步电动机点动与连续转动的控制线路图，其中 SB_2 是连续转动按钮，SB_1 是停车按钮，SB_3 是点动按钮。连续转动的工作原理同直接启动，这里不再赘述。按下复合按钮 SB_3，由于复合按钮的常闭端先断开，使 KM 线圈断电，KM 主触点断开，电动机停车。接着复合按钮常开端闭合，使 KM 线圈通电，KM 主触点闭合，电机启动。当松开复合按钮 SB_3 时，复合按钮常开端先断开，使 KM 线圈断电，KM 主触点断开，电动机停车。接着复合按钮的常闭端闭合，由于 KM 主触点已经断开，因此电动机还处于停车状态。电动机只有在 SB_3 按下时才能动，松开即停止，如此实现了点动功能。

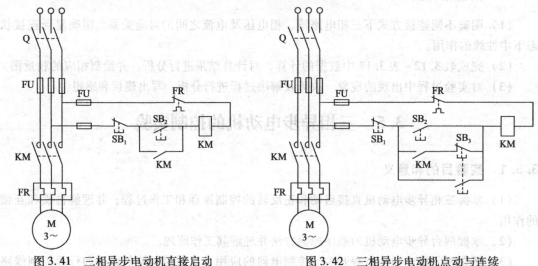

图 3.41　三相异步电动机直接启动　　　　图 3.42　三相异步电动机点动与连续
　　　　　的控制线路图　　　　　　　　　　　　　转动的控制线路图

（3）三相异步电动机的正反转。将三相异步电动机的三根电源进线中的任意两根对调位置，即可改变电动机的转动方向。因此，需用两个交流接触器 KM_F 和 KM_R 实现正反转控制，电路如图 3.43 所示。当正转接触器 KM_F 工作时，电动机正转，当反转接触器 KM_R 工作时，电动机反转。

在图 3.43 所示的控制电路中，把正转接触器 KM_F 的一个常闭触点串联在反转接触

KM$_R$ 的线圈电路中，而把反转接触器 KM$_R$ 的一个常闭触点串联在正转接触器 KM$_F$ 的线圈电路中。这两个常闭触点称为连锁触点，其作用是：当按下正转启动按钮 SB$_F$ 时，接触器 KM$_F$ 的主触点闭合，电动机正转。与此同时，连锁触点断开了反转接触器 KM$_R$ 的线圈通路，此时即使按下反转启动按钮 SB$_R$，反转接触器 KM$_R$ 也不动作，从而防止了电源短路事故的发生，此连接方式实现了"电气互锁"。另外，在图 3.43 中将正转复合按钮 SB$_F$ 的常闭触点串在反转接触器 KM$_R$ 的线圈电路中，将反转复合按钮 SB$_R$ 的常闭触点串在正转接触器 KM$_F$ 的线圈电路中，此连接方式实现了"机械互锁"。这种双互锁方式即避免了必须按下停车按钮 SB$_1$ 才能切换电动机的正反转控制的操作，又保证了电路不会因为误按按钮造成电源短路的情况发生。

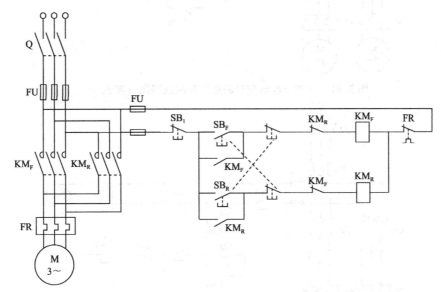

图 3.43　三相异步电动机的正反转控制线路

2. 顺序控制

在实际生产中，经常会遇到几台电动机按顺序动作的情况。本实验选取 2 个实例。

（1）实例一：启动时，电动机 M$_1$ 启动后电动机 M$_2$ 才能启动；停车时，电动机 M$_2$ 停车后电动机 M$_1$ 才能停车。

控制线路如图 3.44 所示。按下启动按钮 SB$_1$，接触器 KM$_1$ 线圈通电，KM$_1$ 主触点闭合，电动机 M$_1$ 启动。同时 KM$_1$ 的常开辅助触点闭合，此时按下启动按钮 SB$_3$，接触器 KM$_2$ 线圈通电，KM$_2$ 主触点闭合，电动机 M$_2$ 启动。停车时必须先按下 SB$_3$，使接触器 KM$_2$ 线圈断电，KM$_2$ 主触点断开，电动机 M$_2$ 停车。同时 KM$_2$ 的常开辅助触点断开，此时再按下停车按钮 SB$_0$，接触器 KM$_1$ 线圈才能断电，KM$_1$ 主触点才能断开，电动机 M$_1$ 才能停车。

（2）实例二：电动机 M$_1$ 先启动后，电动机 M$_2$ 才能启动，电动机 M$_1$ 和 M$_2$ 可以单独停车。

控制线路如图 3.45 所示，启动方法与实例一中的方法相同。停车时，电动机 M$_1$ 和电动机 M$_2$ 可以分别停车，按钮 SB$_3$ 控制电动机 M$_1$ 的停车，按钮 SB$_4$ 控制电机 M$_2$ 的停车。按钮 SB$_0$ 控制 M$_1$ 和 M$_2$ 同时停车。

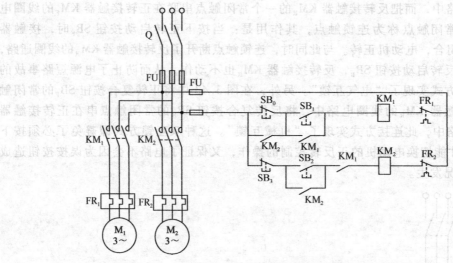

图 3.44　三相异步电动机的顺序控制线路图（实例一）

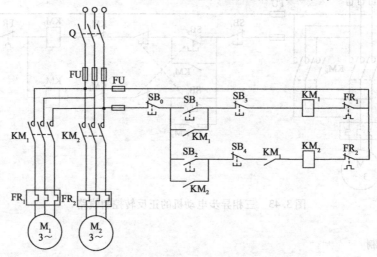

图 3.45　三相异步电动机的顺序控制线路图（实例二）

3. 时间控制与行程控制

（1）时间控制。图 3.46 所示的控制线路实现的功能是：电动机 M_1 先启动，经过一定延时后电动机 M_2 能自行启动。当按下启动按钮 SB_1 时，接触器 KM_1 线圈通电，电动机 M_1 启动。同时时间继电器 KT 的线圈通电，其延时闭合的常开触点不会立即闭合，而是经过一定延时时间才能闭合，使接触器 KM_2 线圈通电，电动机 M_2 启动。

（2）行程控制。图 3.47 所示为用行程开关来控制工作台前进与后退的示意图。两个行程开关 SQ_a 和 SQ_b 分别安装在原位和终点，且由装在工作台上的挡块来撞动。工作台由电动机 M 带动。

行程开关控制工作台的控制线路如图 3.48 所示。SQ_a 和 SQ_b 是两个行程开关，分别安装在预先确定的两个位置（即原位和终点），由装在工作台上的挡块来撞动。当按下正向启动按钮 SB_F 时，接触器 KM_F 线圈通电，其主触点闭合使电动机正转，带动工作台前进，常开辅助触点闭合实现自锁。当工作台运行到终点时，挡块压合终点行程开关 SQ_b，SQ_b 的常闭触点断开，使接触器 KM_F 线圈断电，电动机停止正转，进而工作台停止前进。同时，SQ_b 的常开触点闭合，使接触器 KM_R 线圈通电，其主触点闭合使电动机反转，带动工作台后退，常开辅助触点闭合实现自锁。当工作台运行到原始位置时，挡块压合终点行程开关 SQ_a，SQ_a 的常闭触点断开，使接触器 KM_R 线圈断电，电动机停止反转，进而工作台停止后退。同时，SQ_a 的常开触点闭合，使接触器 KM_F 线圈通电，其主触点闭合使电动机正转，带动工作台前进，常开辅助触点闭合实现自锁。这样可一直循环下去，SB_1 为停止按钮，SB_R 为反向启动按钮。

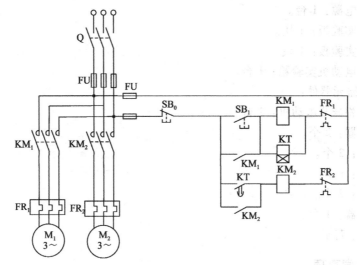

图 3.46　三相异步电动机的时间控制线路图

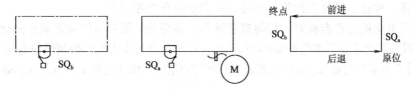

图 3.47　行程开关控制工作台的示意图

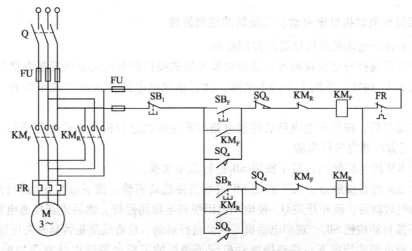

图 3.48　行程开关控制工作台的控制线路图

说明：因目前所用软件不支持电机实验，所以类似的实验无仿真内容；根据具体情况此后章节的综合实验均未列出实验原理及不必要的内容。

3.5.4　实验仪器和元器件

（1）实验仪器：

① 数字万用表：1块。

② 三相交流电源：1台。

③ 行程控制实验板：1块。

④ 时间控制实验板：1块。

⑤ 三相异步电动机实验箱：1台。

（2）实验所需元器件：

① 鼠笼式三相异步电动机：2台。

② 交流接触器：2个。

③ 热继电器：2个。

④ 复式按钮：5个。

⑤ 行程开关：2个。

⑥ 时间继电器：1个。

⑦ 专用导线：若干。

3.5.5　实验注意事项

（1）连接、检查、修改和拆除电路前，一定要断开电源开关。

（2）进行电动机起停实验时，切勿频繁操作，避免接触器触点因频繁动作而烧毁。

（3）连接线路之前要仔细检查接触器线圈额定电压是否与本实验的控制线路电压一致，其他元器件是否符合本实验的要求；运行电路前要仔细检查电路，保证连接无误后方可启动。

3.5.6　实验内容

1. 三相异步电动机直接启动和正反转的控制线路

（1）三相异步电动机直接启动的控制线路。

① 使用万用表检查交流接触器、热继电器和复式按钮的触点通断状况是否良好。

② 按图3.41接线。原则上先接主电路，然后接控制电路（按照"先串后并"方式进行接线）。

③ 线路接好后，按照先主电路后控制电路的顺序依次进行检查。检查完毕后，经指导教师确认无误后方可通电进行实验。

④ 不接KM的自锁触点，按下按钮SB$_2$进行点动实验。

⑤ 接上KM的自锁触点，按下按钮SB$_2$进行直接启动实验，按下按钮SB$_1$进行停车实验。

⑥ 电动机启动后，断开开关Q，使电动机因脱离电源而停转，然后重新接通电源（将开关Q推合），不按启动按钮SB$_2$，观察电动机是否会自行启动，检查线路是否具有失压保护作用。

⑦ 在切断电源的情况下，将连接电动机定子绕组的三根电源线中任意两根的一头对调，再闭合开关Q，重新启动电动机，观察电动机的转向。

（2）三相异步电动机点动与连续转动的控制线路：

① 使用万用表检查交流接触器、热继电器和复式按钮的触点通断状况是否良好。

② 按图 3.42 接线。原则上先接主电路，然后接控制电路（按照"先串后并"方式进行接线）。

③ 线路接好后，按照先主电路后控制电路的顺序依次进行检查。检查完毕后，经指导教师确认无误后方可通电进行实验。

④ 按下按钮 SB_2 进行连续转动实验，按下按钮 SB_1 进行停车实验。

⑤ 按下按钮 SB_3 观察电动机是否启动，松开按钮 SB_3 观察电动机是否停车。验证点动控制线路的正确性。

（3）三相异步电动机正反转的控制线路：

① 使用万用表检查交流接触器、热继电器和复式按钮的触点通断状况是否良好。

② 按图 3.43 接线。原则上先接主电路，然后接控制电路（按照"先串后并"方式进行接线）。

③ 线路接好后，按照先主电路后控制电路的顺序依次进行检查。检查完毕后，经指导教师确认无误后方可通电进行实验。

④ 合上开关 Q，按下正转按钮 SB_F，观察电动机转向并设此方向为正转；再按下反转按钮 SB_R，观察电动机能否反转。

⑤ 按下停车按钮 SB_1，观察电动机能否停车。

2. 顺序控制

（1）实例一：启动时，电动机 M_1 启动后电动机 M_2 才能启动；停车时，电动机 M_2 停车后电动机 M_1 才能停车。

① 按图 3.44 接线，经检查无误后，合上开关 Q 通电。按下启动按钮 SB_2，观察电动机 M_2 是否先启动。

② 若 M_2 未启动，按下启动按钮 SB_1，观察电动机 M_1 是否先启动。若 M_1 先启动，则按下启动按钮 SB_2，观察电动机 M_2 的启动情况。

③ 按下停车按钮 SB_0，观察 M_1 是否先停车。

④ 若 M_1 未先停车，则按下停车按钮 SB_3，观察电动机 M_2 是否先停车。若 M_2 先停车，则按下停车按钮 SB_0，观察电动机 M_1 的停车情况。

（2）实例二：电动机 M_1 先启动后，电动机 M_2 才能启动，电动机 M_1 和 M_2 可以单独停车。

① 按图 3.45 接线，经检查无误后，合上开关 Q 通电。按下启动按钮 SB_2，观察电动机 M_2 是否先启动。

② 若 M_2 未启动，按下启动按钮 SB_1，观察电动机 M_1 是否先启动。若 M_1 先启动，则按下启动按钮 SB_2，观察电动机 M_2 的启动情况。

③ 按下停车按钮 SB_3，观察 M_1 是否停车。再按下停车按钮 SB_4，观察 M_2 是否停车。

④ 再次启动电动机 M_1 和 M_2，按下停车按钮 SB_4，观察 M_2 是否停车。再按下停车按钮 SB_3，观察 M_1 是否停车。

3. 时间控制与行程控制

（1）时间控制：

① 观察时间继电器的外形，用手按下衔铁，观察触点实现延时动作的过程。

② 按图 3.46 接线，经检查无误后，合上开关 Q 通电。按下启动按钮 SB₁，观察电动机 M₁ 是否先启动，经过一定时间后 M₂ 是否自行启动。按下停车按钮 SB₀，观察 M₁、M₂ 是否同时停车。

③ 调节时间继电器 KT 的延时时间，观察两台电动机先后启动的时间间隔变化情况。

（2）行程控制：按图 3.48 连线，经检查无误后，合上开关 Q 通电。按下正转启动按钮 SB_F，观察行程控制电路运行情况是否符合电路的设计要求。

3.5.7　实验思考题

（1）在电动机直接启动控制实验中，合上电源开关后没有按下启动按钮电动机就自行转动，并且按下停车按钮后无法停车，可能是什么原因造成的？

（2）为什么在正反转控制电路中必须保证两个交流接触器不能同时工作？可采取什么措施加以保证？使用复式按钮后，控制电路中两个互锁用的常闭辅助触点可否去掉不接？

（3）举出两个电动机顺序控制的实际应用例子，并完成控制电路设计。

（4）在图 3.46 中时间继电器有一个延时触点，是何种延时触点？其作用是什么？

（5）什么是行程控制？

3.5.8　实验报告要求

（1）整理实验数据，画出所有实验电路的控制线路图，并简述各种控制线路的工作原理。

（2）写出实验操作步骤及其运行结果。

（3）总结实验中出现的问题及故障现象，写出心得体会。

3.6　直、交流电路分析方法及暂态电路响应特性综合仿真实验

3.6.1　综合仿真实验的目的和意义

（1）仿真分析直流电路的工作原理和工作性能。

（2）仿真验证叠加定理和戴维宁定理。

（3）仿真分析一、二阶电路的暂态响应特性。

（4）仿真分析交流电路的阻抗特性。

（5）深入理解直流电路、暂态电路和单相交流电路的主要特性，为进一步深入学习电工技术和电路分析打好基础。

3.6.2　实验预习

（1）复习直流电路分析方法的相关知识。

（2）复习一、二阶电路的暂态响应特性的相关知识。

（3）复习单相交流电路阻抗特性的相关知识。

（4）查阅资料确定综合仿真实验的内容和题目。

（5）准备好的题目内容实验草图，以备实验时参考。

3.6.3　仿真分析

1. 不同种类电源作用下叠加定理的分析验证

3.1 节讨论了同种类型电源（电压源）作用下叠加定理的验证过程，并经过实际电路的连接实验验证了仿真结果。本节通过仿真分析不同种类电源（电压源 + 电流源）作用下的叠加定理电路，验证叠加定理的正确性和适用性。

图 3.49 所示为不同种类电源（电压源 + 电流源）作用下叠加定理验证电路图。其中理想电压源的选取方法是在"Keywords"中输入"source"，选择"VSOURCE"；理想电流源的选取方法是在"keywords"中输入"source"，选择"CSOURCE"。由于电流源的特殊性，为了保证仿真的正确性，电流源不起作用时需要将电流源完全从电路中断开，如图 3.50 所示。

以流经 R_2 电阻上的电流为例，验证不同种类电源作用下叠加定理的正确性。

（1）电流源 I_S 和电压源 U_S 共同作用时，此时电源电路均正常接入电路，流经电阻 R_2 上的电流 $I_2 = -0.4\ \text{A}$，如图 3.49 所示。

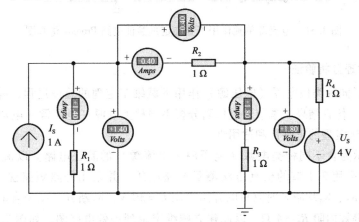

图 3.49　不同种类电源作用下叠加定理验证电路 Proteus 仿真图

（2）电压源 U_S 单独作用时，此时电流源电路开路，流经电阻 R_2 上的电流 $I_2 = -0.8\ \text{A}$，如图 3.50 所示。

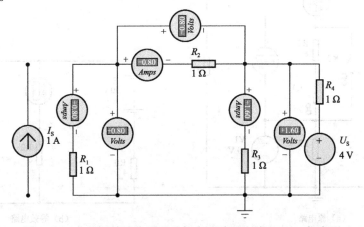

图 3.50　电压源单独作用下叠加定理验证电路 Proteus 仿真图

（3）电流源 I_s 单独作用时，此时理想电压源短路，流经电阻 R_2 上的电流 $I_2 = 0.4$ A，如图 3.51 所示。

由仿真结果可知，流经电阻 R_2 上的电流 I_2 满足叠加定理。同样，可以验证其余各支路电流、电压叠加定理的正确性。

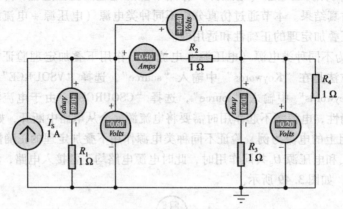

图 3.51　电流源单独作用下叠加定理验证电路 Proteus 仿真图

2. 戴维宁定理分析验证

3.1 节讨论了同种类型电源（电压源）作用下戴维宁定理的验证过程，并经过实际电路的连接实验验证了仿真结果。本节通过仿真分析不同种类电源（电压源 + 电流源）作用下的电路，验证戴维宁定理的正确性和适用性。

图 3.52 所示为含不同种类电源（电压源 + 电流源）的验证电路。以流经 R_2 电阻上的电流为例，仍然采用 3.1 节的仿真方法测量开路电压，并采用开路短路法计算等效内阻，图 3.52（a）中 K_1、K_2 均断开时测得的开路电压 $E = 30$ V，K_1 断开、K_2 闭合时短路电流 $I_s = 7.48$A，则算得等效内阻 $R_0 \approx 4$ Ω。以此建立戴维宁定理等效电路图，如图 3.52（b）所示。验证流经电阻 R_2 上电流的正确性。

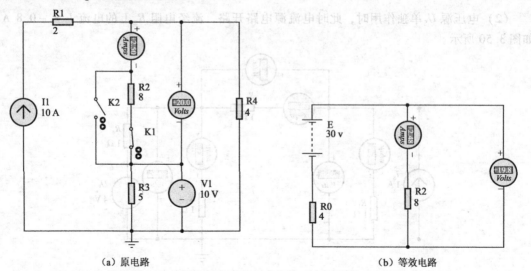

（a）原电路　　　　　　　　　　　　　　　（b）等效电路

图 3.52　不同种类电源作用下戴维宁定理验证电路 Proteus 仿真图

3. 一阶电路和二阶电路暂态响应的分析验证

3.2 节已经对一阶 RC 积分电路和一阶 RC 微分电路仿真波形进行了分析（见图 3.16、图 3.17），并经过实际电路的连接实验验证了仿真结果。本节在复习一阶电路暂态过程的基础上，通过仿真分析二阶 RLC 电路不同情形的暂态特性。本例中所用仪器仪表及元器件在前面章节均使用过，此处不再赘述。

（1）一阶电路暂态分析验证。所谓 RC 电路的零状态响应，是指换路前电容未储存能量，即 $u_C(0_+)=0$。在此条件下，由电源激励所产生的电路的响应，称为零状态响应。

$$u_C(t) = U(1 - \mathrm{e}^{-\frac{t}{\tau}}) \tag{3.37}$$

所谓 RC 电路的零输入响应，是指无电源激励，输入信号为零。在此条件下，由电容的初始状态 $u_C(0_+)$ 所产生的电路的响应，称为零输入响应。

$$u_C(t) = U_0 \mathrm{e}^{-\frac{t}{\tau}} \tag{3.38}$$

所谓 RC 电路的全响应，是指电源激励和电容的初始状态 $u_C(0_+)$ 均不为零时电路的响应，即为零状态响应与零输入响应二者的叠加。

$$u_C(t) = U(1 - \mathrm{e}^{-\frac{t}{\tau}}) + U_0 \mathrm{e}^{-\frac{t}{\tau}} = U + (U_0 - U)\mathrm{e}^{-\frac{t}{\tau}} \tag{3.39}$$

如图 3.53 所示，已知 $R_1 = 100$ kΩ，$R_2 = 400$ kΩ，$C = 50$ μF，$U_S = 10$ V，开关 S 闭合前电容未储能，$t = 0$ 时 S 闭合，试分析 $u_C(t)$ 的变化。

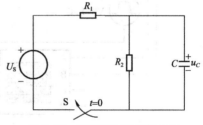

$$u_C(0_+) = u_C(0_-) = 0$$

$$u_C(\infty) = \frac{R_2}{R_1 + R_2} U_S = \frac{4}{5} \times 10 \text{ V} = 8 \text{ V}$$

$$\tau = (R_1 /\!/ R_2)C = 80 \times 10^3 \times 50 \times 10^{-6} \text{ s} = 4 \text{ s}$$

图 3.53　RC 零状态响应电路

$$u_C(t) = u_C(\infty) + [u_C(0_+) - u_C(\infty)]\mathrm{e}^{-\frac{t}{\tau}} = 8(1 - \mathrm{e}^{-0.25t}) \text{ V}$$

图 3.54 所示为 RC 一阶电路零状态响应电路 Proteus 仿真电路图和仿真结果曲线图。

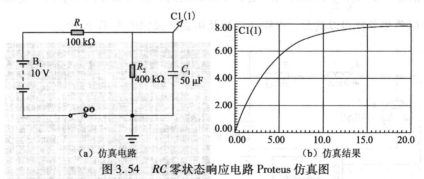

(a) 仿真电路　　　　　　　　　(b) 仿真结果

图 3.54　RC 零状态响应电路 Proteus 仿真图

（2）二阶电路暂态分析验证。二阶 RLC 电路可以分为 3 种不同情形进行分析和讨论。

第一种情形：$R < 2\sqrt{\dfrac{L}{C}}$，此时响应是振荡性的，称为欠阻尼状态。电路中通过调整电阻 R 的阻值使条件得以满足，电路连接图及仿真结果如图 3.55 所示。

第二种情形：$R > 2\sqrt{\dfrac{L}{C}}$，此时响应是非振荡性的，称为过阻尼状态。电路中通过调整电

阻 R 的阻值使条件得以满足，电路连接图及仿真结果如图 3.56 所示。

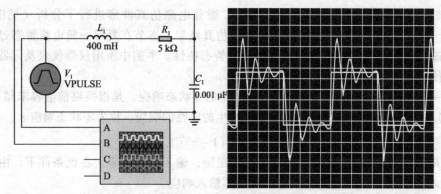

图 3.55　二阶 RLC 欠阻尼状态电路 Proteus 仿真图

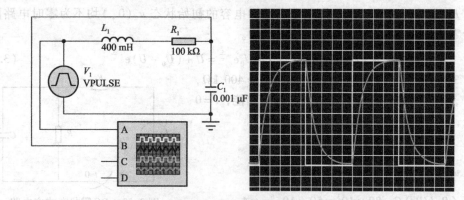

图 3.56　二阶 RLC 过阻尼状态电路 Proteus 仿真图

第三种情形：$R = 2\sqrt{\dfrac{L}{C}}$，此时响应是临界振荡性的，称为临界阻尼状态。电路中通过调整电阻 R 的阻值使条件得以满足，电路连接图及仿真结果如图 3.57 所示。

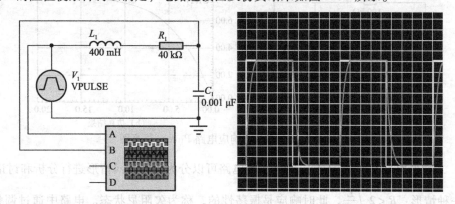

图 3.57　二阶 RLC 临界阻尼状态电路 Proteus 仿真图

4. 阻抗串并联电路仿真分析

3.3 节已经对单相交流电路的基尔霍夫定律进行验证，并经过实际电路的连接实验验证了仿真结果。本节通过仿真复杂交流电路的电压电流变化，分析阻抗串并联电路的特性。

如图 3.58（a）所示，为 RLC 串并联的交流电路，已知 $R_1 = R_2 = R_3 = 10\ \Omega$，$L = 31.8\ mH$，$C = 318\ \mu F$，$f = 50\ Hz$，$U = 10\ V$，试求并联支路端电压 U_{ab}。

由题设知 $\omega = 2\pi f = 2\pi \times 50 = 314\ rad/s$，则

感抗 $$X_L = \omega L = 314 \times 31.8 \times 10^{-3}\ \Omega = 10\ \Omega$$

容抗 $$X_C = \frac{1}{\omega C} = \frac{1}{314 \times 318 \times 10^{-6}}\ \Omega = 10\ \Omega$$

则两并联支路的等效阻抗 $Z_{ab} = \dfrac{(R_1 + jX_L)\ (R - jX_C)}{(R_1 + jX_L)\ +\ (R - jX_C)} = \dfrac{(10 + j10)\ (10 - j10)}{(10 + j10)\ +\ (10 - j10)}\ V = 10\angle 0°\ V$。

设 $\dot{U} = U\angle 0° = 10\angle 0°\ V$，$\dot{I} = \dfrac{\dot{U}}{Z} = \dfrac{10\angle 0°}{20\angle 0°}\ A = 0.5\angle 0°\ A$

则 $$U_{ab} = I\,|Z_{ab}| = (0.5 \times 10)\ V = 5\ V$$

仿真结果如图 3.58（b）所示。

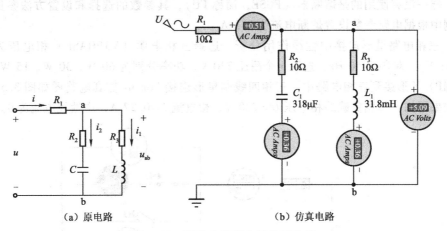

图 3.58 阻抗串并联电路仿真分析

3.6.4 实验报告要求

（1）将分析题目的电路图、电路原理、参数计算以及可能出现的现象或波形写在实验报告上。

（2）将仿真分析的电路图、分析过程的波形图、实验测试的数据截图形成 Word 文档。

（3）对仿真实验结果进行分析，将分析结果写在实验报告上。

（4）对仿真实验过程中出现的现象及解决过程进行分析，写出感想。

3.7 三相电路故障分析和谐振分析综合仿真实验

3.7.1 综合仿真实验的目的和意义

（1）了解不同连接方式三相电路的故障现象。

（2）仿真分析串并联谐振现象的参数特性。

（3）深入理解交流电路的主要特性，为进一步深入学习电工技术和电路设计打好基础。

3.7.2 实验预习

（1）复习串并联谐振的知识。

（2）分析不同连接方式三相电路的故障现象。

（3）查阅资料确定综合仿真实验的内容和项目。

（4）准备好实验草图和研究项目内容，以备实验时参考。

3.7.3 仿真分析

1. 三相电路故障现象仿真分析

3.4 节已经对三相电路进行分析，并经过实际电路的连接实验验证了仿真结果。为了深入理解三相电路特性，分析星形连接中性线的作用和三角形连接的电路特点，通过如下仿真实例，对三相电路故障现象进行分析。下列实例中的元器件在前面的实验中使用过，此处不再赘述，唯一没有使用的是熔断器（FUSE，简称 FU），其参数的选择和设置方法参见 2.6.2 节，本例中根据电路参数设置熔断电流为 0.3 A。

（1）三相电路星形连接中性线作用分析。选择三相电源（V3PHASE）相电压为 220 V（幅值 311 V），频率为 50 Hz，选取 3 个耐压 220 V、功率分别为 60 W、30 W、15 W 的电灯泡（LAMP）Y 形接到三相电路中，三相四线制星形连接 Proteus 仿真电路图如图 3.59 所示。由仿真结果可知，每相负载的相电压 $U = 220$ V，相电流 $I = 0.27$ A，中性线电流为 0。

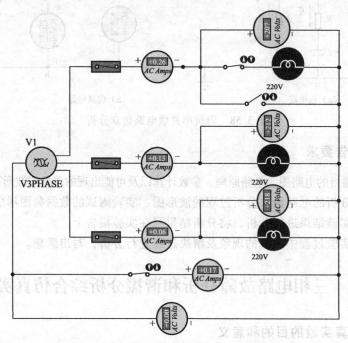

图 3.59　三相四线制星形连接 Proteus 仿真电路图

① 三相四线制星形连接，一相短路。由于中性线的作用是使星形连接的不对称负载的相电压对称，因此短路相熔丝烧断，另两相不受影响，电压电流不变，亮度不变，三相四线制

星形连接一相短路 Proteus 仿真电路图如图 3.60 所示。

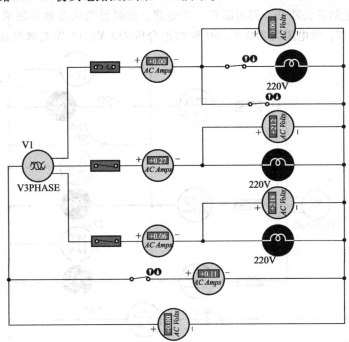

图 3.60　三相四线制星形连接一相短路 Proteus 仿真电路图

② 三相四线制星形连接，一相断路。三相四线制星形连接一相断路的 Proteus 仿真电路图如图 3.61 所示。一相断路，由于中性线的作用，因此断路相灯不亮，另两相不受影响，电压电流不变，亮度不变。

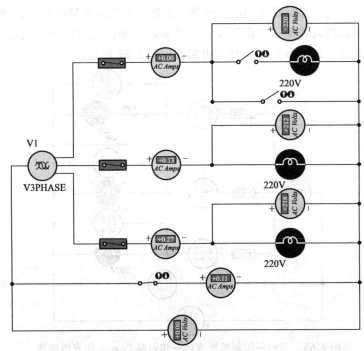

图 3.61　三相四线制星形连接一相断路 Proteus 仿真电路图

③ 三相三线制星形连接，一相断路。三相三线制星形连接 Proteus 仿真电路图如图 3.62 所示，将中性线上的开关断开，同时断开一相电路，此时另两相负载串联承受线电压，电源的相电压 $U = 220$ V，线电压为 380 V，30 W 灯泡分压 253 V，15 W 灯泡分压 127 V。

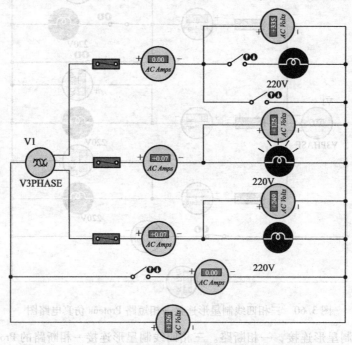

图 3.62　三相三线制星形连接电路 Proteus 仿真电路图

④ 三相三线制星形连接，一相短路。一相短路，此时另两相灯泡相当于直接接在线电压上，电压提高 $\sqrt{3}$ 倍，超过熔丝设置的电流阈值。本实验是短路相熔丝烧断，烧断后该相相当于断路，另两相串联接入线电压。由于实际电路情况复杂，因此这种情况是不允许发生的。三相三线制星形连接一相短路 Proteus 仿真电路图如图 3.63 所示。

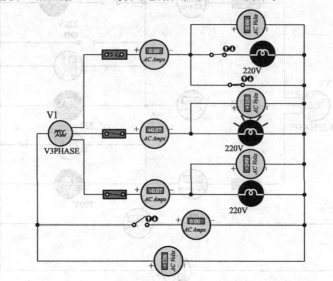

图 3.63　三相三线制星形连接一相短路 Proteus 仿真电路图

降低电压，观察压流变化。设置三相电压有效值为 127 V，频率为 50 Hz，接通电路，观察电路参数关系。由于三相负载对称，三相电路电压电流基本相等，如图 3.64 所示。

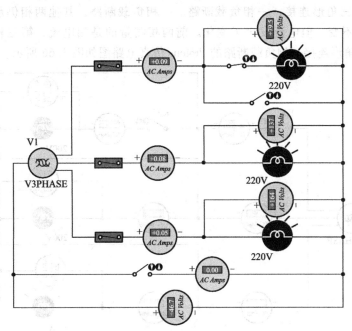

图 3.64　三相三线制星形连接降压后的 Proteus 仿真电路图

当一相短路时，平衡负载无中性线。另两相灯泡相当于直接接在线电压上，电压提高 $\sqrt{3}$ 倍 $U \approx 220$ V，相电流同时提高 $\sqrt{3}$ 倍 $I \approx 0.27$ A，而短路相的线电流更大，为图 3.64 所示电路正常工作的 3 倍。三相三线制星形连接一相短路 Proteus 仿真电路图如图 3.65 所示。

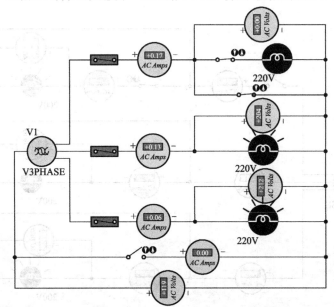

图 3.65　三相三线制星形连接降压后一相短路的 Proteus 仿真电路图

（2）三相电路三角形连接特性分析。三相电路三角形连接，设置三相电压为 127 V，频率为 50 Hz。

① 三相电路三角形连接，一相负载断路。一相负载断路，其他两相仍承担电源线电压 $U = 220$ V，亮度不变。但电流发生了变化。前两相测量的是相电流，第三相测量的是线电流。三相电路三角形连接一相负载断路的 Proteus 仿真电路图如图 3.66 所示。

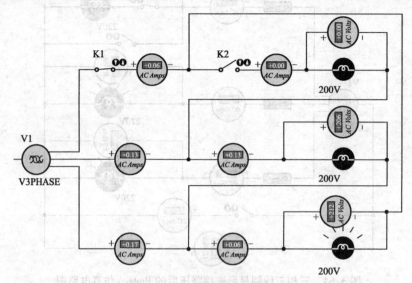

图 3.66　三相电路三角形连接一相断路的 Proteus 仿真电路图

② 三相电路三角形连接，一根相线出现断路故障。若一根相线出现断路故障时，其中有两相负载串联承受电源线电压，由于负载对称，每相负载电压约为 110 V，电流 $I = 0.13$ A，两个灯泡亮度会减弱，另一相仍承受电源线电压，故亮度不会发生变化。Proteus 仿真电路图如图 3.67 所示。

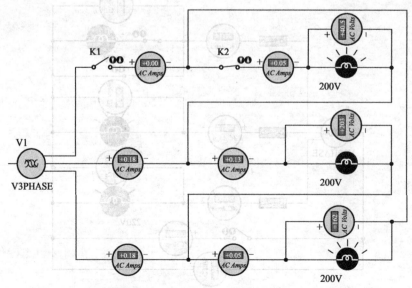

图 3.67　三相电路三角形连接相线断路的 Proteus 仿真电路图

2. 串并联谐振

在含有电感和电容元器件的电路图中，电路两端的电压与其中的电流一般是不同相的。如果调节电路的参数或电源的频率而使电压电流同相，这时电路就会发生谐振现象。按发生谐振的电路不同，谐振现象可以分为串联谐振和并联谐振。

（1）串联谐振。在 RLC 元器件串联的电路中，当

$$X_L = X_C \quad \text{或} \quad 2\pi fL = \frac{1}{2\pi fC}$$

时，则

$$\varphi = \arctan \frac{X_L - X_C}{R} = 0$$

即电源电压 u 与电路中电流 i 同相，这时电路中发生串联谐振。此时谐振频率为

$$f = f_0 = \frac{1}{2\pi \sqrt{LC}}$$

可见只要调节 L、C 或电源频率 f 都可以使电路发生谐振。

图 3.68 所示为串联谐振电路的 Proteus 仿真图。电路的输出采用分析图表的模拟曲线图表和频率分析图表。图中 VSIN 选择幅值为 5V，频率为 1KHz 的正弦波信号。

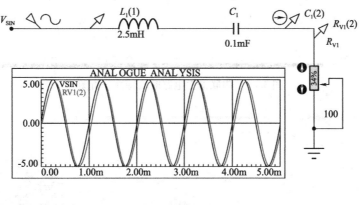

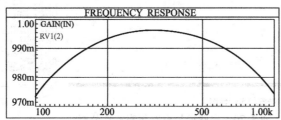

图 3.68 串联谐振电路 Proteus 仿真图及频率特性分析图表

首先进行瞬态分析，添加 ANALOGUE ANALYSIS 分析图表，然后添加输入正弦信号和可调电阻器的电压输出探针，由于电阻的电压电流同相，相当于选取的输出电流，图 3.69 为最大化后的实时曲线，可见电压电流同相。

在瞬态分析的基础上进行频域分析，添加"模拟的频率分析（FREQUENCY）"分析图表，频率分析图表的设置方法参见 2.3.4 节相关内容。当发生谐振现象时，电路的阻抗模 $|Z| =$

$\sqrt{R^2 + (X_L - X_C)^2} = R$，其值最小。因此，在电路电压 U 不变的情况下，电路中的电流将在谐振时达到最大值，为 0.015 094 3。本例中选择电阻两端电压做频率特性分析，如图 3.70（a）、（b）所示。可以看到，在电路产生谐振现象时，电阻两端电压达到最大值。为了曲线显示清晰，可设置频率曲线的频率范围和幅值，设置方法参见 2.3.4 节。需要强调的是频率分析图表必须选择参考信号源才能输出分析曲线。

右击 Frequency Response 曲线图，在弹出的快捷菜单中选择 Export Graph Data（导出曲线数据）命令，保存到指定的文件夹中，打开时要选择记事本方式打开，如图 3.70（b）所示。当 $f = 316.227\ 766$ Hz 时，电阻电压 $U = 0.996\ 226$ V 达到最大值。

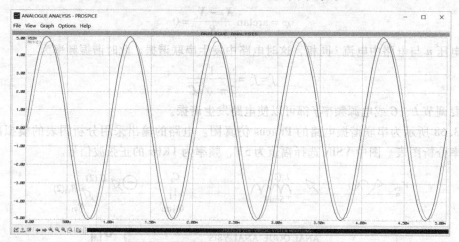

图 3.69　串联谐振电路时域特性分析图

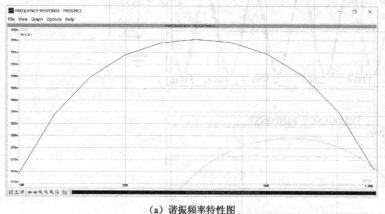

（a）谐振频率特性图

（b）谐振点附近的数据

图 3.70　串联谐振电路频率特性分析

（2）并联谐振。并联谐振电路是线圈 L 与电容器 C 并联的电路，发生谐振时，电压 u 与电流 i 同相。图 3.71（a）所示为并联谐振电路 Proteus 仿真图。当 $X_L = X_C$ 时，则电源电压与电路中的电流同相，这时电路中发生并联谐振现象，此时，谐振频率 $f = f_0 = \dfrac{1}{2\pi \sqrt{LC}}$，电路的阻抗模 $|Z| = \dfrac{1}{RC}$，其值最大。因此，在电路电压 U 不变的情况下，电路中的电流将在谐振时达到最小值。

　　添加模拟的频率分析（FREQUENCY）曲线表进行频域分析，在电路产生谐振现象时，电路中的电流值最小为 0.000 099 031 5。

　　右击 Frequency Response，在弹出的快捷菜单中选择 Export Graph Data 命令，保存文件，通过记事本方式打开，如图 3.71（b）所示。可以看到，当 $f = 316.978\ 638\ 5$ Hz 时，电阻电压 $U = 0.000\ 099\ 031\ 5$ V 达到最小值。

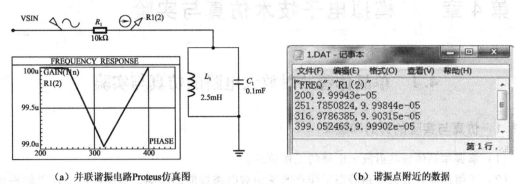

（a）并联谐振电路 Proteus 仿真图　　　　　　　（b）谐振点附近的数据

图 3.71　并联谐振电路 Proteus 仿真图及频率特性分析数据

3.7.4　实验报告要求

（1）将要分析的电路图、电路原理、参数计算以及可能的现象或波形写在实验报告上。

（2）将仿真分析的电路图、分析过程的波形图、实验测试的数据截图形成 Word 文档。

（3）对仿真实验结果进行分析，将分析结果写在实验报告上。

（4）对仿真实验过程中出现的现象及解决过程进行分析，写出感想。

第 4 章 模拟电子技术仿真与实验

4.1 单晶体管共射放大电路的仿真与实验

4.1.1 仿真与实验的目的和意义

（1）掌握单晶体管共射放大电路的工作原理。

（2）了解晶体管放大电路静态工作点的变动对电路性能的影响，掌握静态工作点的测试及调整方法。

（3）掌握放大电路电压放大倍数 A_u、输入电阻 R_i 和输出电阻 R_o 的测量方法。

（4）了解负载 R_L 的变化对 A_u 的影响。

（5）掌握实验电路的连接、测试及调整方法。

（6）进一步熟悉示波器、低频信号发生器和毫伏表的使用方法。

（7）通过仿真分析加深对单晶体管放大电路工作原理的理解，并为实际操作实验做好准备。

4.1.2 实验预习

（1）复习单晶体管共射放大电路的组成及工作原理。

（2）根据电路参数列写估算法的计算公式。

（3）熟悉电路连接过程，列写实验步骤。

（4）根据实验中要测试的实验数据画出数据记录表格，并完成仿真分析。

4.1.3 实验原理

单晶体管共发射级放大电路的典型电路——共射分压偏置电路如图 4.1 所示。该电路的核心元器件是一个 NPN 型晶体管，电路加入直流电源 $U_{CC} = +12\ \text{V}$，合理选择相关电阻使发射结处于正向偏置 $U_{BE} > 0$，集电结处于反向偏置 $U_{BC} < 0$，且 $U_{CE} > U_{BE}$，晶体管工作在放大状态。此时，发射结电压硅管为 $0.6 \sim 0.7\ \text{V}$、锗管为 $0.1 \sim 0.3\ \text{V}$。图 4.1 中以 $R_P + R_{B1}$ 和 R_{B2} 组成分压偏置电路，调整 R_P，可以改变基极电位 V_B 和基极电流 I_B，从而改变集电极电流 I_C 和管压降 U_{CE}，得到合适的静态工作点 Q。

测量放大电路的电压放大倍数、输入电阻和输出电阻等动态参数应在输出波形不失真的情况下进行。电路电压放大倍数取决于 β、R_C、R_L 和晶体管输入电阻 r_{be} 的大小。在图 4.1 所示电路中，如果忽略偏置电阻的分流影响，中频段的电压放大倍数可以表示为

$$A_{us} = \frac{u_o}{u_s} = -\beta \frac{R_C // R_L}{R_S + r_{be}} \tag{4.1}$$

式（4.1）中，R_s 为输入信号源内阻，如果在中频段忽略信号源内阻，电路的电压放大倍数为

$$A_u = \frac{u_o}{u_i} = -\beta \frac{R_C // R_L}{r_{be}} \tag{4.2}$$

如果 Q 点过低（I_B 小，则 I_C 小，U_{CE} 大），晶体管工作在截止区，会产生截止失真，出现输出电压波形上削波现象；Q 点过高（I_B 和 I_C 大，U_{CE} 小），晶体管将工作在饱和区，产生饱和失真，出现输出电压波形下削波现象。即使 Q 点合适，若输入信号过大，也会因为晶体管动态范围不够而出现输出电压波形双削波现象。

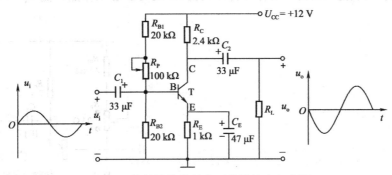

图 4.1 单晶体管共射分压偏量放大电路图

4.1.4 仿真分析

参照图 4.1 画出单晶体管共射放大电路的 Proteus 仿真电路图，如图 4.2 所示。

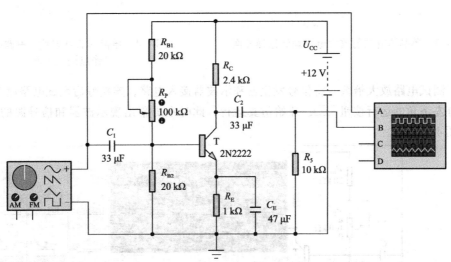

图 4.2 单晶体管共射分压偏量放大电路 Proteus 仿真图

（1）仪器仪表和元器件清单。图 4.2 所示电路所用的仪器和元器件如下，选取方法参见 2.4 节有关内容。

① 仪器仪表：示波器（OSCILLOSCOPE），信号发生器（SIGNAL GENERATOR）和接地端。

② 元器件：固定电阻 5 个、电容器（CAP）3 个、晶体管（2N2222）1 个、可变电阻（POT-HG）1 个和 12 V 直流电源（BATTERY）1 个。

（2）测试静态工作点。连接好电路后，可先不接入信号源和示波器，只接入直流电源进行静态工作点的调试。调试的方法是选择 Debug 下拉菜单中的第一项进行调试，如图 4.3 所示。

如果有错误，则会提示错误类型信息；在调试无错误的状态下单击电路中的晶体管 T，则弹出此时的静态工作点状态界面，如图 4.4 所示。此时电路的静态值分别为 $U_{BE} = 0.6751$ V，$U_{CE} = 4.643$ V，$I_B = 10.51$ μA，$I_C = 2.166$ mA，$I_E = 2.176$ mA。由静态值可见，U_{CE} 略偏低，输入信号过大会出现饱和失真，读者可自行调整 R_P 改变静态工作点，使 $U_{CE} = 6$V 左右最为理想。

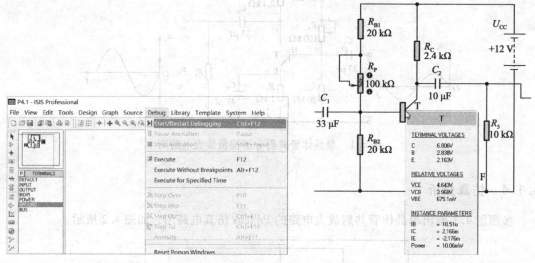

图 4.3　单晶体管共射放大电路调试选择界面　　　图 4.4　单晶体管共射放大电路静态
工作点调试界面

（3）测试电路放大倍数。将信号发生器和示波器接入电路，连接好后调试电路没有错误，单击屏幕左下角的运行按钮 ▶，开始仿真运行，此时在屏幕出现示波器和信号源的显示界面，如图 4.5 所示。

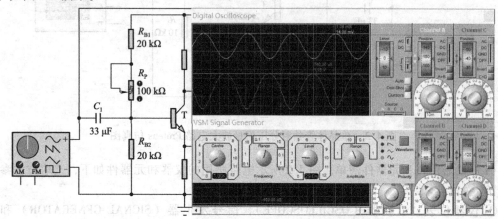

图 4.5　单晶体管共射放大电路放大倍数调试界面

　 　 设置信号源输入信号有效值 10 mV，由于 Proteus 中在信号源中设置成峰-峰值，所以设置输入信号峰-峰值为 28 mV，频率为 1 kHz 的正弦信号；考虑显示效果，设置示波器的扫描时间为 0.2 ms，A 路信号幅值选择 10 mV 挡，B 路信号幅值选择 1 V 挡。信号源和示波器的设置调整方法参见 2.3.2 节相关内容。

　 　 由图 4.5 中可以看到，输入信号的幅值 $U_{im}=14$ mV，输出信号的幅值 $U_{om}=1.75$ V，电路的放大倍数 $A_u=125$ 倍，且输入和输出波形相位上相差 180°，即输入和输出反相。

　 　 改变负载 R_L 的大小，观察波形变化，测量放大倍数。

　 　 （4）电路波形失真分析。逐渐减小 R_P 的阻值，观察输出波形的变化，直至出现波形失真为止，观察此时的静态工作点，分析波形失真的原因；逐渐增大 R_P 的阻值，观察输出波形的变化，如果 R_P 已经调到最大值仍然观察不到波形失真，可适当增加输入信号的幅度，直至出现波形失真。电路饱和失真和截止失真时的输出波形如图 4.6（a）、（b）所示。由图 4.6（a）、（b）可见出现波形失真时晶体管的静态工作点的参数值也发生了变化。

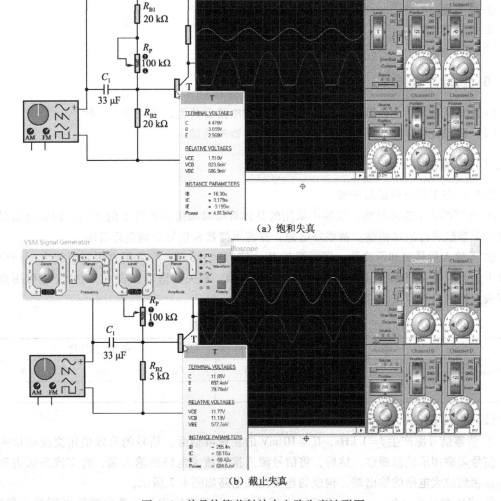

（a）饱和失真

（b）截止失真

图 4.6　单晶体管共射放大电路失真波形图

（5）放大电路动态范围测试。在静态工作点合适的情况下，逐渐增大输入信号，观察输出波形的变化，直到出现削波失真为止，此时的输入信号即为此晶体管放大电路的动态范围。

4.1.5 实验仪器和元器件

（1）实验仪器：

① 数字万用表：1 块。

② 示波器：1 台。

③ 低频信号发生器：1 台。

④ 数字毫伏表：1 块。

⑤ 稳压电源：1 台。

（2）实验所需元器件。

① NPN 型晶体管：1 个。

② 电阻器：4 个。

③ 电容器：3 个。

④ 可调电阻器：2 个。

4.1.6 实验注意事项

（1）直流电源、示波器、信号发生器及放大电路要共地，避免引入干扰。

（2）要保证在电路工作稳定后再进行电路参数的测试。

4.1.7 实验内容

（1）静态工作点测试与调整：

① 参照图 4.1 连接电路，实验中采用的晶体管可以与仿真实验中的不同，构成电路时需要对电阻参数进行适当调整。调整好电源，并将示波器和信号源调整好备用。

② 不接入信号源和示波器，缓慢调节 R_P，使 $U_{CEQ} \approx 6$ V，然后用万用表直流电压挡分别测量 U_{BEQ}、V_B 及 V_C 的值，并计算 I_{BQ}、I_{CQ}、β 的数值，相关数据填入表 4.1 中。（也可用直流电流表直接测量 I_{BQ}、I_{CQ} 的数值）

表 4.1　静态工作点数据

实　　测				根据实测计算		
U_{BEQ}/V	U_{CEQ}/V	V_B/V	V_C/V	I_{BQ}	I_{CQ}	β

（2）测量电压放大倍数 A_u：

① 调整信号源产生 $f = 1$ kHz，$U_i = 10$ mV 的正弦波信号。信号的有效值用交流毫伏表测量，信号频率用示波器观察。然后，将信号源连接到放大电路的输入端，将交流毫伏表和示波器连接到放大电路的输出端，构成的连接测试电路如图 4.7 所示。

② 将负载开路（$R_L = \infty$），用毫伏表测量输出电压有效值并计算中频段电压放大倍数，数据记录于表 4.2 中。

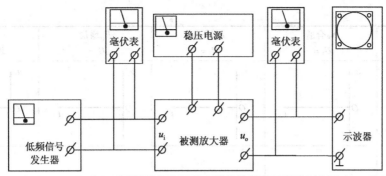

图 4.7　观察输出波形和测量放大倍数的连接电路图

表 4.2　电压放大倍数的测试

条　　件	测量结果		计算值
	U_i	U_o	$\lvert A_u \rvert$
$R_L = \infty$			
$R_L = 1 \text{ k}\Omega$			
$R_L = 5 \text{ k}\Omega$			
$R_L = 10 \text{ k}\Omega$			
$R_L = 47 \text{ k}\Omega$			

③ 保持电路其他参数不变，分别取 $R_L = 1 \text{ k}\Omega$，$R_L = 5 \text{ k}\Omega$，$R_L = 10 \text{ k}\Omega$ 和 $R_L = 47 \text{ k}\Omega$，测量输出电压，将测量结果填入表 4.2 中，并计算电压放大倍数，计算结果也填入表 4.2 中。

（3）放大电路波形失真实验：

① 电路中接入 $R_L = 10 \text{ k}\Omega$，其他参数不变，测量 U_{CEQ}、U_{BEQ}、R_B 及 U_i 的值，计算 I_{BQ}、I_{CQ} 的数值，计算结果填入表 4.3 第一列，并画出输出电压波形示意图。

② 逐渐减小 R_P 阻值，观察输出电压波形的变化，直到出现波形失真。测量 U_{CEQ}、U_{BEQ}、R_B 及 U_i 的值，计算 I_{BQ}、I_{CQ} 的数值，计算结果填入表 4.3 第二列，并画出失真波形示意图。

③ 逐渐增大 R_P 阻值，观察输出电压波形是否出现截止失真（当 R_P 增至最大，波形失真仍不明显时，可适当增大输入信号 u_i）。测量 U_{CEQ}、U_{BEQ}、R_B 及 U_i 的值，计算 I_{BQ}、I_{CQ} 的数值，计算结果填入表 4.3 第三列，并画出失真波形示意图。

④ 将静态工作点调回到表 4.3 第一列的数值，然后逐渐增大 u_i，用示波器观察 u_o 的波形，使输出波形出现削波失真的波形。测量 U_{CEQ}、U_{BEQ}、R_B 及 U_i 的值，计算 I_{BQ}、I_{CQ} 的数值，数据填入表 4.3 第四列，并画出失真波形示意图。

表 4.3　静态工作点的位置及输入信号对输出波形的影响

项目	测量值	R_P 合适 $U_i =$	R_P 减小 $U_i =$	R_P 增加 $U_i =$	R_P 合适 增大 $U_i =$
Q 点	测量参数	$U_{CEQ} =$ $U_{BEQ} =$ $*R_B =$ $U_i =$	$U_{CEQ} =$ $U_{BEQ} =$ $*R_B =$ $U_i =$	$U_{CEQ} =$ $U_{BEQ} =$ $*R_B =$ $U_i =$	$U_{CEQ} =$ $U_{BEQ} =$ $*R_B =$ $U_i =$
	计算	$I_{BQ} =$ $I_{CQ} =$	$I_{BQ} =$ $I_{CQ} =$	$I_{BQ} =$ $I_{CQ} =$	$I_{BQ} =$ $I_{CQ} =$

续表

项目 \ 测量值	R_P合适 $U_i =$	R_P减小 $U_i =$	R_P增加 $U_i =$	R_P合适 增大 $U_i =$
输出波形	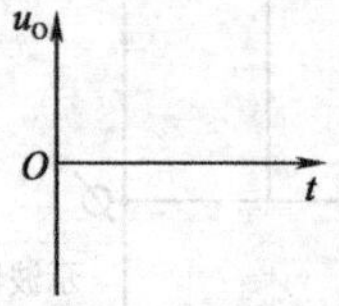	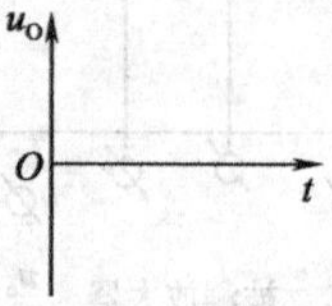	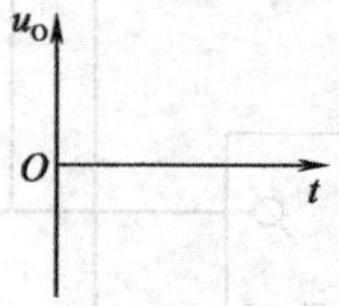	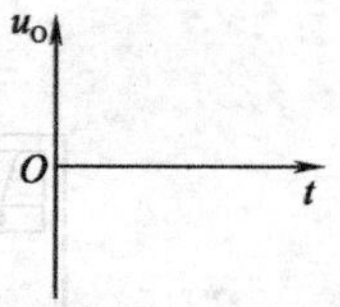
失真判断 （或动态范围）				

* $R_B = (R_P + R_{B1}) // R_{B2}$。

注意： 电路中无法直接测量 *R_B 的阻值，必须在断开电源后，分别将 R_P、R_{B1} 和 R_{B2} 的一端从电路中断开，分别测量每个电阻的阻值，然后计算得到 R_B 的数值。

（4）（选做）负反馈对放大倍数的影响。取图 4.1 中的 $R_L = 10$ kΩ，调整 $U_{CEQ} = 6$V。将 C_E 断开，使电路加入交流负反馈。在输入信号 U_i 保持不变的情况下，测量有负反馈时输出电压 U_{of}，将 U_{of} 与表 4.2 中的测量结果 U_o 进行比较，讨论负反馈对放大电路放大倍数的影响。

（5）（选做）测量输入电阻 R_i。R_i 是从放大器输入端看进去的交流等效电阻。本实验采用换算法测输入电阻，测量电路如图 4.8 所示。在信号源与放大电路之间串入一个电阻 R_D（4.7 kΩ），分别测出 U_S 和 U_i，则输入电阻为：

$$R_i = \frac{U_i}{U_S - U_i} R_D \qquad (4.3)$$

将测量和计算数据填入表 4.4 中。

表 4.4 输入电阻的测试

R_D	U_S	U_i	R_i
4.7 kΩ			

（6）（选做）测量输出电阻 R_o。R_o 是指输入信号为 0 时，从输出端向放大器看进去的交流等效电阻。它与输入电阻 R_i 都是动态电阻。同样采用换算法测量，测量电路如图 4.9 所示。在放大电路输入端接入 $U_S = 10$ mV，$f = 1$ kHz 的电压信号，分别测量当负载 $R_L = \infty$ 时的输出电压 U_o 和 $R_L = 5$ kΩ 时的输出电压 U_L 的值，则输出电阻为

$$R_o = \left(\frac{U_o}{U_L} - 1 \right) R_L \qquad (4.4)$$

图 4.8 用换算法测量 R_i 的原理图

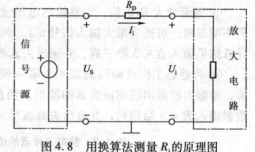

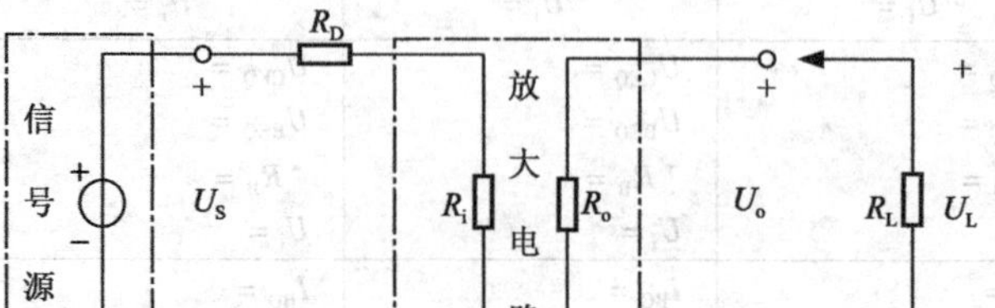

图 4.9 用换算法测量 R_o 的原理图

将测量结果和计算数据填入表 4.5 中。

表 4.5　输出电阻的测试

R_D	U_L（$R_L = 5\ k\Omega$）	U_o（$R_L = \infty$）	R_o
4.7 kΩ			

4.1.8　实验思考题

（1）晶体管放大电路产生饱和和截止失真的原因是什么？电路中应调整哪些元器件来消除失真？

（2）图 4.1 中，如果把 R_E 的旁路电容 C_E 去掉，分析电路静态工作点和动态参数的变化。

4.1.9　实验报告要求

（1）分析单晶体管共射分压偏置放大电路的工作原理，写出估算法计算静态工作点和动态参数的计算过程。

（2）完成表 4.1 中数据的计算，并对计算结果进行分析。

（3）完成表 4.2 中数据的计算，并讨论负载电阻 R_L 的变化对放大电路放大倍数的影响。

（4）完成表 4.3 中数据的计算，并讨论静态工作点的位置及输入信号的变化对放大电路性能的影响。

（5）对比仿真结果分析误差。

（6）对实验过程中出现的现象、故障及解决过程进行分析，写出建议和感想。

4.2　负反馈放大电路的仿真与实验

4.2.1　仿真与实验的目的和意义

（1）掌握放大电路中引入负反馈的方法。

（2）加深理解负反馈对放大电路性能的影响。

（3）学习负反馈放大电路性能指标的测量方法。

（4）通过仿真分析加深对反馈的理解，并为实际操作实验做好准备。

4.2.2　实验预习

（1）复习电路引入负反馈的方法，查找电路中引入不同组态负反馈的参考资料。

（2）复习负反馈的引入对放大电路性能的影响。

（3）熟悉电路连接过程，列写实验步骤。

（4）根据实验中要测试的实验数据画出数据记录表格。

4.2.3　实验原理

负反馈放大电路有 4 种组态形式，即电压串联负反馈、电压并联负反馈、电流串联负反馈和电流并联负反馈。本实验以电压串联负反馈为例，分析负反馈对放大器性能指标的影响。

交流电压串联负反馈的电路图如图 4.10 所示。

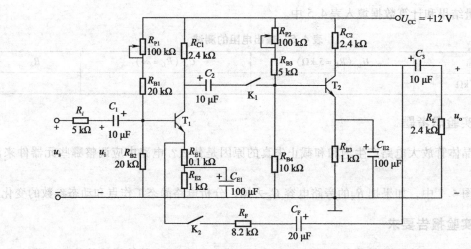

图 4.10 交流电压串联负反馈电路

电路中通过 R_F 把输出电压 u_o 引回到输入端，加在晶体管 T_1 的发射极上，在发射极电阻 R_{E1} 上形成反馈电压 u_f。根据反馈的判断法可知，它属于电压串联负反馈。由于反馈回路中串联了电容，所以引入的是交流反馈。

负反馈电路主要性能指标如下：

（1）闭环电压放大倍数

$$A_{uf} = \frac{A_u}{1 + A_u F_u} \tag{4.5}$$

式中，$A_u = u_o / u_i$ 为基本放大器（无反馈）的中频段电压放大倍数，即中频段开环电压放大倍数；$1 + A_u F_u$ 为反馈深度，它的大小决定了负反馈对放大器性能改善的程度。

（2）反馈系数

$$F_u = \frac{R_{E1}}{R_F + R_{E1}} \tag{4.6}$$

（3）输入电阻

$$R_{iF} = (1 + A_u F_u) R_i \tag{4.7}$$

式中，R_i 为基本放大器的输入电阻。

（4）输出电阻

$$R_{oF} = \frac{R_o}{1 + A_u F_u} \tag{4.8}$$

式中，R_o 为基本放大器的输出电阻。

（5）上限频率和下限频率

$$f_{HF} = (1 + A_u F_u) f_H$$
$$f_{LF} = \frac{f_L}{1 + A_u F_u} \tag{4.9}$$

式中，f_H、f_L 为不加反馈时的上、下限频率。

4.2.4 仿真分析

参照图 4.10 画出交流电压串联负反馈的 Proteus 仿真电路图，如图 4.11 所示。

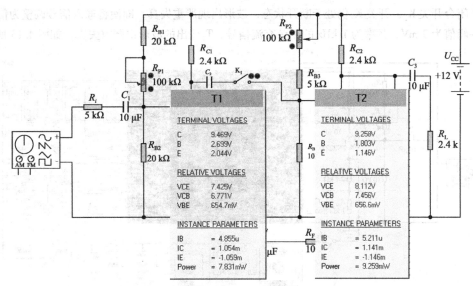

图 4.11 交流串联电压负反馈 Proteus 仿真电路图

（1）仪器仪表和元器件清单。图 4.11 所示电路所用的仪器和元器件如下，选取方法参见 2.3.2 和 2.4.3 节有关内容。

① 仪器仪表：示波器（OSCILLOSCOPE）、信号发生器（SIGNAL GENERATOR）和接地端。

② 元器件：固定电阻 12 个、电容器（CAP）6 个、晶体管（2N2222）2 个、可调电阻（POT-HG）2 个、12 V 直流电源（BATTERY）1 个和开关（SW-SPST）2 个。

图 4.11 中直接显示了两个晶体管的静态工作点。由图 4.11 可见，两个晶体管的静态工作点都合适。

（2）仿真分析步骤：

① 调整信号源输出峰-峰值为 10 mV，频率为 1 kHz 的正弦交流信号，开关 K$_1$、K$_2$ 均处于断开状态，用示波器测量输入信号和 T$_1$、T$_2$ 输出信号的幅值，如图 4.12 所示。由于开关 K$_1$ 断开，T$_2$ 输出没有信号，T$_1$ 放大倍数为 120 倍。

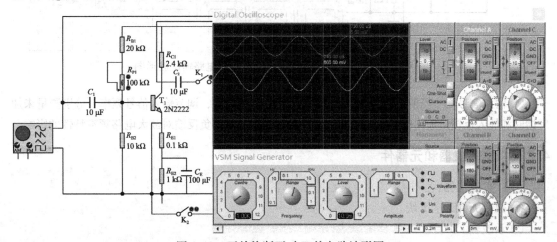

图 4.12 开关均断开时 T$_1$ 的电路波形图

② 闭合开关 K_1，开关 K_2 仍处于断开状态，波形出现严重失真，即使将输入信号调整为信号源输出峰–峰值为 3 mV，频率为 1 kHz 的正弦交流信号，T_2 输出的波形也严重失真，如图 4.13 所示。

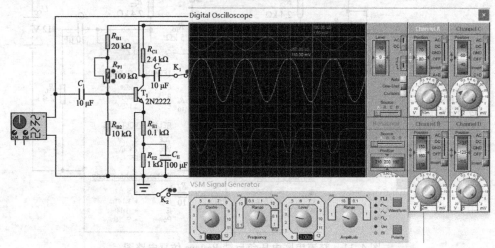

图 4.13　开关 K_1 闭合、K_2 断开时 T_1、T_2 的电路输出波形图

③ 在图 4.13 条件保持不变的基础上，闭合开关 K_2，如图 4.14 所示，输出波形不再失真，且电路的放大倍数高达 600 倍。

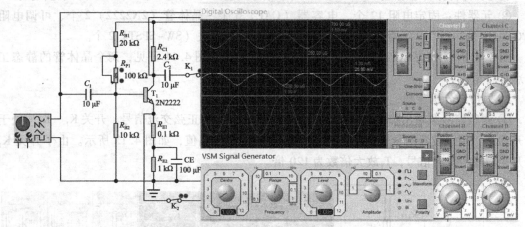

图 4.14　开关 K_1、K_2 均闭合时 T_1、T_2 的电路输出波形图

④ 输入信号峰—峰值 3mV 保持不变，在 K_2 断开和闭合后，调节输入信号频率，分别测量未加反馈时和加入反馈后输出信号的通频带，比较测量结果，讨论负反馈对放大电路频率特性的影响。

4.2.5　实验仪器和元器件

（1）实验仪器：

① 数字万用表：1 块。

② 示波器：1 台。

③ 低频信号发生器：1 台。

④ 数字毫伏表：1 块。

⑤ 稳压电源：1 台。

（2）实验所需元器件：

① 晶体管：2 个。

② 电阻器：15 个。

③ 可调电阻器：4 个。

④ 电容器：6 个。

⑤ 开关：2 个。

4.2.6　实验注意事项

（1）直流电源、示波器、信号发生器及放大电路要共地，避免引入干扰。

（2）分别连接 T_1 和 T_2 放大电路，单独调试静态工作点，然后再接入开关 K_1 和反馈回路。

4.2.7　实验内容

（1）调整并测量基本放大器的静态工作点。调节直流电源使 U_{CC} = + 12 V，参照图 4.10 连接实验电路（K_1 和 K_2 均断开），即电路为两个单级基本放大电路。先不接入输入信号，即断开 u_i 调整第一级电路中的电位器 R_{P1}（100 kΩ），使 $U_{CE_1} ≈ 6$ V；调整第二级电路中的电位器 R_{P2}（100 kΩ），使 $U_{CE_2} ≈ 7$ V。用直流电压表分别测量第一级、第二级的静态工作时相应的电位值，并将测量结果记入表 4.6 中。

表 4.6　两个晶体管的静态工作点数据记录

对地电位/V	V_{B1}	V_{E1}	V_{C1}	V_{B2}	V_{E2}	V_{C2}
测量值						

（2）负反馈对基本放大器的输出波形的影响：

① 调节函数信号发生器，使之产生 f = 1 kHz，U_i = 3 mV（有效值）的正弦信号，加到放大器的输入端（u_i 端），不接入反馈（K_2 断开），接入负载电阻 R_L = 2.4 kΩ。用示波器观察 T_1 和 T_2 输出波形，用交流毫伏表测量两个晶体管的输出电压，将测量结果记入表 4.7 中。

表 4.7　负反馈对放大倍数的影响测量及计算数据

	U_i/mV	U_{oT_1}/V	U_{oT_2}/V
未加反馈时			
加入反馈后	U_i/mV	U_{ofT_1}/V	U_{ofT_2}/V

② 保持输入信号的幅值不变，接入反馈（K_2 闭合），用示波器观察 T_1 和 T_2 输出波形，在输出波形不失真的情况下，用交流毫伏表测量两个晶体管的输出电压，将测量结果记入表 4.7 中。

（3）负反馈对通频带的影响。

① 保持输入信号的幅值不变，不接入反馈（K_2 断开），然后增加和减小输入信号的频率，用示波器和交流毫伏表监测两个晶体管的输出变化，找出上、下限频率 f_H 和 f_L（U_o 下降为原来幅值的 0.707 倍时的频率），计算频带宽度 BW，将测量结果记入表 4.8 中。

表 4.8　负反馈对通频带的影响测量数据记录

基本放大器	f_L/kHz	f_H/kHz	BW/kHz
负反馈放大器	f_{LF}/kHz	f_{HF}/kHz	BW_F/kHz

② 保持输入信号的幅值不变，接入反馈（K_2 闭合），然后增加和减小输入信号的频率，用示波器和交流毫伏表监测两个晶体管的输出变化，找出上、下限频率 f_{HF} 和 f_{LF}（U_o 下降为原来的 0.707 倍时的频率），计算频带宽度 BW_F，将测量结果记入表 4.8 中。

4.2.8　实验思考题

（1）图 4.10 中，如果将反馈回路的 R_F 端接到 T_1 的基极 B 上，引入为何种类型的反馈，对电路性能有何影响？

（2）如果将图 4.10 中的电容 C_2 去除，电路会发生什么变化？

4.2.9　实验报告要求

（1）分析负反馈对放大电路性能的影响。

（2）整理实验数据，根据实验结果，与理论分析相比较。

（3）将实验思考题的分析结果写在实验报告上。

（4）对实验过程中出现的现象、故障及解决过程进行分析，写出建议和感想。

4.3　集成运算放大器信号运算功能的仿真与实验

4.3.1　仿真与实验的目的和意义

（1）通过仿真和实验掌握由运算放大器构成的比例、加法、减法、积分和微分等运算电路的电路结构和工作原理。

（2）掌握集成运算放大器运算电路的调试方法。

4.3.2　实验预习

（1）复习集成运算放大器的工作原理，理解"虚断"和"虚短"的概念。

（2）复习由运算放大器构成的比例、加法、减法、积分和微分等运算电路的电路结构和工作原理。

（3）熟悉电路连接过程，列写实验步骤。

（4）根据实验中要测试的实验数据画出数据记录表格并完成仿真分析。

4.3.3　实验原理

1. 放大器调零

（1）μA741 结构简介。集成运算放大器有许多的型号和种类，本实验选用 μA741 芯片。

μA741 有 8 个引脚，其中 2 引脚为反相输入端，3 引脚为同相输入端，6 引脚为输出端，7 引脚接正电源，4 引脚接负电源，1、5 引脚外接调零电路，8 引脚为空脚，如图 4.15 所示。

（2）电路调零。调零电路如图 4.16 所示。在无输入信号时（$u_+ = u_- = 0$），输出信号应小于 ± 10 mV。如果输出信号超出 ± 10 mV，则需要对电路调零。调节电路中的调零电位器 R_w，使输出 $U_o \leqslant 10$ mV。调零满足要求后，在后面的实验中不要再调节电位器，否则需要重新调零。

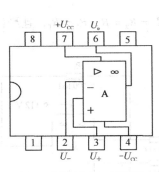

图 4.15　μA741 引脚图

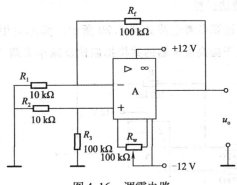

图 4.16　调零电路

2. 反相比例运算

反相比例参考电路如图 4.17 所示，图中未接入调零电路，如果需要调零，需先调零后再连接其他电路。反相比例运算电路的运算关系为

$$\frac{U_o}{U_i} = -\frac{R_f}{R_1} \tag{4.10}$$

3. 反相加法运算

反相加法参考电路如图 4.18 所示。反相加法运算电路的函数关系式为

$$U_o = -\frac{R_f}{R_1}U_{i1} - \frac{R_f}{R_2}U_{i2} \tag{4.11}$$

反相加法运算电路在调节某一路信号的输入电阻时，不会影响其他支路输入电压与输出电压的比例关系，因而调节方便。

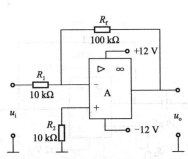

图 4.17　反相比例运算参考电路图

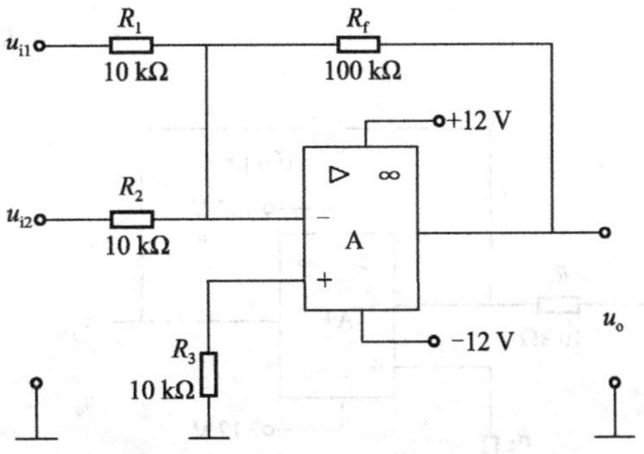

图 4.18　反相加法运算参考电路图

若取 $R_1 = R_2 = R_3 = R$，则有

$$U_o = -\frac{R_f}{R}(U_{i1} + U_{i2}) \tag{4.12}$$

4. 同相比例运算

同相比例参考电路如图4.19所示。同相比例运算电路的运算关系为

$$\frac{U_o}{U_i} = \left(1 + \frac{R_f}{R_1}\right) \cdot \frac{R_3}{R_2 + R_3} \tag{4.13}$$

5. 减法运算

减法运算参考电路如图4.20所示。实际应用中，取 $R_1 = R_2 = R$，$R_3 = R_f$，且严格匹配，这样有利于提高放大器的共模抑制比及减小失调。

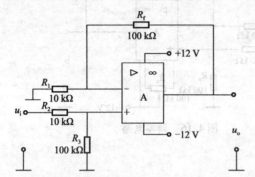

图4.19　同相比例运算参考电路图

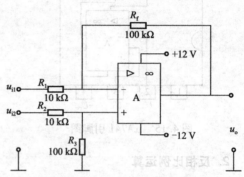

图4.20　减法运算参考电路图

该电路运算关系为

$$U_o = -\frac{R_f}{R}(U_{i1} - U_{i2}) \tag{4.14}$$

6. 积分运算

积分运算参考电路如图4.21所示。设 $u_c(0) = 0$，则积分运算电路的运算关系式为

$$u_o = -\frac{1}{R_1 C} \int_0^t u_i \mathrm{d}t \tag{4.15}$$

7. 微分运算

微分运算参考电路如图4.22所示。设 $u_c(0) = 0$，则微分运算电路的运算关系式为

$$u_o = -R_f C \frac{\mathrm{d}u_i}{\mathrm{d}t} \tag{4.16}$$

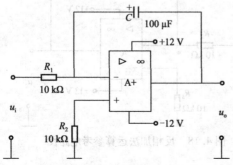

图4.21　积分运算参考电路图

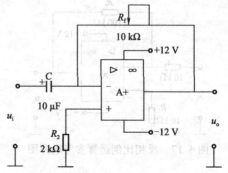

图4.22　微分运算电路参考电路图

4.3.4　仿真分析

1. 仪器仪表和元器件清单

本实验分若干个计算电路，此处列出仿真实例所需的元器件和仪器，选取方法参见 2.3.2 和 2.4.3 节有关内容。

（1）仪器仪表：输入信号源（GENERATOR-PWLIN），电压测试探针、输出端子（Terminal）中的电源 2 个（POWER，分别设置为 + 12 V 和 − 12 V）和接地端（GROUND），输出模拟分析图表（ANALOGUE）。

（2）元器件：固定电阻 4 个、电容器（REALCAP）1 个、集成运放芯片（μA741）1 个、可变电阻（POT-HG）1 个和开关（SW-SPST）1 个。

2. 反相比例运算电路仿真

参照反相比例运算参考电路绘制 Proteus 仿真电路图，如图 4.23 所示。本节仿真结果用模拟仿真曲线显示，曲线的添加、属性设置等参阅 2.3.4 节分析图表的属性设置的曲线添加方法，此处不再赘述。

由图 4.23 可知，输入信号从 0 增加到 1 V，输出信号由 0 变化到 − 10 V。而图 4.16 所示电路的放大倍数为 − 10 倍。仿真验证了电路的运算过程。

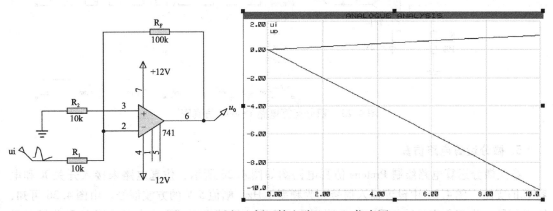

图 4.23　反相比例运算电路 Proteus 仿真图

3. 减法运算电路仿真

参照减法运算电路绘制 Proteus 仿真电路图，如图 4.24 所示。图中设置输入信号 $u_{i1} = 1V$ 不变，u_{i2} 从 0 V 线性变化到 1 V，由图 4.24 可知，输出信号 u_o 从 − 10 V 变化到 0 V，符合减法运算电路的计算结果。

读者可以参照反相比例电路和减法电路的 Proteus 仿真电路图自行绘制反相加法电路和同相比例电路，仿真过程中可不接入调零电路。

4. 积分运算电路仿真

参照积分运算参考电路绘制 Proteus 仿真电路图，如图 4.25 所示。图 4.25 中设置输入信号 u_i 为频率 1 Hz，幅值 5 V 的方波信号。由图 4.25 可知，输出信号 u_o 从 + 12 V 开始呈现阶梯状递减，到 − 11 V 不再变化。请读者对比 3.2 节的实验结果分析有无运放对积分电路结果的影响。

改变输入信号的频率观察输出波形的变化。

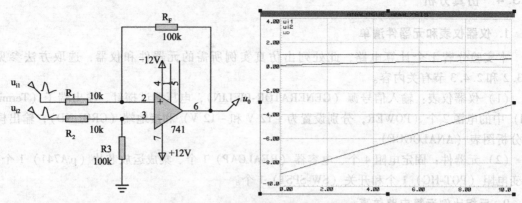

图 4.24 减法运算电路 Proteus 仿真图

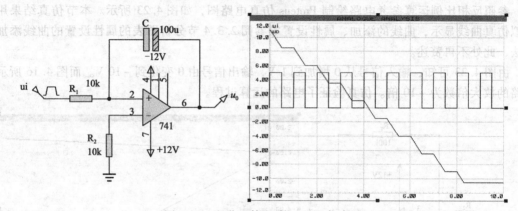

图 4.25 积分运算电路 Proteus 仿真图

5. 微分运算电路仿真

参照微分运算电路绘制 Proteus 仿真电路图如图 4.26 所示，仿真电路未接入开关 K 和电容 C_f 的支路。图 4.26 中设置输入信号 u_i 为频率 1 Hz，幅值 5 V 的方波信号。由图 4.26 可知，输出信号 u_o 为正负窄脉冲信号，在 0 附近略有震荡。请读者对比 3.2 节的实验结果分析有无运放对微分电路结果的影响。

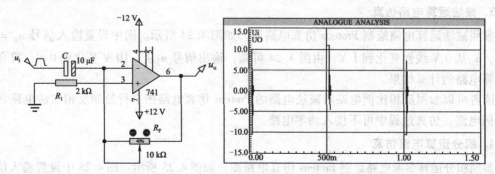

图 4.26 微分运算电路 Proteus 仿真图

4.3.5　实验仪器和元器件

（1）实验仪器：

① 数字万用表：1 块。

② 直流电源（±12 V）：1 台。

③ 信号源：1 台。

（2）实验所需元器件：

① 集成运算放大器芯片 μA741：1 个。

② 电阻器：6 个。

③ 电容器：4 个。

④ 开关：1 个。

4.3.6　实验注意事项

（1）μA741 集成运算放大器的各个引脚不要接错，尤其是正、负电源不能接反，否则极易损坏芯片。

（2）运算放大器输出端不能接地。

（3）$u_i = 0$ 是将运算电路的输入端接地，注意断开信号源，不能将信号源的输出端接地。

（4）测任何电压时，数字电压表的黑表笔应始终接实验电路的接地端。

4.3.7　实验内容

1．放大器调零

可以先参照图 4.17 的反相比例电路接线，不连接调零电路，将输入信号接地后，测量输出，如果输出 $U_0 = 0$（小于 ±10 mV），则无须连接调零电路。如果输出信号过大（大于 ±10 mV），则需要调零，调零电路按照图 4.23 连接线路，接通电源后，缓慢调节调零电位器 R_w，使输出 $U_o = 0$（小于 ±10 mV），运放调零后，在后面的实验中保持调零电路不变，不用再调零。

2．反相比例运算

按照图 4.17 连接电路。检查无误后，接通电源。先用数字式万用表测量输入信号（为保证精度，要求输入信号均使用数字万用表直流 2 V 挡测量），第一次加入的输入信号不要过大，然后测量输出电压值（用万用表直流 20 V 挡测量），将测量数据和计算结果填入表 4.9 中。

表 4.9　反相比例运算电路实验数据

电阻测量及 比例系数计算	$R_1 =$		$R_f =$		比例系数 =		
U_i 测量值/V							
U_o 测量值/V							
U_o 理论值/V							

注意：实验中必须使 $|U_i| < 1V$，否则电路输出将出现饱和现象，得不到正确的比例运算结果。

参照图4.17选取元器件参数，如果 $R_1 = 10 \text{ k}\Omega$，$R_f = 100 \text{ k}\Omega$，则电路运算关系为

$$U_o = -10U_i \tag{4.17}$$

实际实验时，需准确测量 R_1、R_f 的阻值，计算比例系数，然后根据输入信号计算输出信号的大小并与输出信号测量值相比较。

3. 反相加法运算

参照图4.18连接电路，检查无误后，接通电源。设置输入信号的数值，分别用数字万用表测量输入电压 U_{i1}、U_{i2} 的值，然后将 U_{i1}、U_{i2} 连接到电路中，再用数字万用表测量输出电压 U_o 值，将实验数据和计算结果填入表4.10中。

表4.10　反相加法运算电路实验数据

电阻测量及 比例系数计算	$R_1 =$	$R_2 =$	$R_f =$	比例系数 =	
U_{i1} 测量值/V					
U_{i2} 测量值/V					
U_o 测量值/V					
U_o 理论值/V					

注意： 实验中必须使 $|U_{i1} + U_{i2}| < 1\text{V}$，$U_{i1}$、$U_{i2}$ 可为不同的数值。

如果参照图4.18选取元器件数值，则该电路运算关系为

$$U_o = -\frac{R_f}{R}(U_{i1} + U_{i2}) = -10(U_{i1} + U_{i2}) \tag{4.18}$$

实际实验时，需准确测量 R_1、R_2、R_f 的阻值，尽量选取 $R_1 = R_2$，计算比例系数，然后根据输入信号计算输出信号的大小并与输出信号测量值相比较。

4. 同相比例运算

参照图4.19连接线路，检查无误后，接通电源。用数字万用表分别测量输入和输出电压的数值，并将实验数据和计算结果填入表4.11中。

表4.11　同相比例运算电路实验数据

电阻测量及 比例系数计算	$R_1 =$	$R_f =$	比例系数 =	
U_i 测量值/V				
U_o 测量值/V				
U_o 理论值/V				

如果参照图4.19选取元器件参数，则该电路运算关系为

$$U_o = \left(1 + \frac{R_f}{R_1}\right) \cdot \frac{R_2}{R_2 + R_3} U_i = 10U_i \tag{4.19}$$

实际实验时，需准确测量 R_1、R_f 的阻值，计算比例系数，然后根据输入信号计算输出信号的大小并与输出信号测量值相比较。

5. 减法运算

参照图4.20连接线路，检查无误后，接通电源。分别用数字万用表测量输入直流电压

U_{i1}、U_{i2} 的值，然后将 U_{i1}、U_{i2} 连接到电路中，再用数字万用表测量输出电压 U_o 值，将实验数据和计算结果填入表 4.12 中。

表 4.12　减法运算电路实验数据

电阻测量及 比例系数计算	$R_1 = R_2 =$		$R_3 = R_f =$		比例系数 $=$			
U_{i1} 测量值/V								
U_{i2} 测量值/V								
U_o 测量值/V								
U_o 理论值/V								

注意： 实验中必须使 $|U_{i1} - U_{i2}| < 1V$，（U_{i1}、U_{i2} 可为不同的数值，不同的极性）。

如果参照图 4.20 选取元器件参数，则该电路运算关系为

$$U_o = -\frac{R_f}{R}(U_{i1} - U_{i2}) = -10(U_{i1} - U_{i2}) \tag{4.20}$$

实际实验时，需准确测量 R_1、R_2、R_f 的阻值，尽量选取 $R_1 = R_2$，$R_3 = R_f$，计算比例系数，然后根据输入信号计算输出信号的大小并与输出信号测量值相比较。

6. 积分运算（选做）

① 参照图 4.21 连接线路，检查无误后，接通电源。

② 合上开关 K，其余连线不变，此操作的目的是使 $u_C(0) = 0$，以消除积分起始时刻前积分漂移所造成的影响。

③ 调节信号源输出幅值为 5 V，频率为 1 Hz 的方波信号，连接到电路的输入端，然后断开 K，用示波器分别观测并记录输入和输出电压的幅值和波形。

④ 如果电路中选用图 4.21 中的元器件参数，输入信号选择阶跃信号，该电路运算关系为

$$u_o = -\frac{1}{RC}\int_0^t u_i dt = -\frac{t}{RC}u_i + u_C(0) = -u_i t + u_C(0) \tag{4.21}$$

⑤ 关闭电源，将图 4.21 中积分电容改为 10 μF、1 μF、0.1 μF，断开 K，u_i 分别输入频率为 1 Hz，有效幅值为 5 V 的方波和正弦波信号，用示波器分别观测并记录输入和输出电压的幅值和波形。注意 u_i 和 u_o 的大小及相位关系。

7. 微分运算（选做）

① 参照图 4.22 连接线路，检查无误，接通电源。

② 分别输入频率为 1 Hz，有效幅值为 5 V 的方波和正弦波信号，用示波器分别观察并记录输入和输出电压的幅值和波形。注意 u_i 和 u_o 的大小及相位关系。

4.3.8　实验思考题

（1）运算放大器在实际使用中，为保证安全，需加保护，常见的保护方法有哪些？

（2）如果要求实现 $u_o = -4u_{i1} + 2u_{i2} - 5u_{i3}$，分别用一个运算放大器和两个运算放大器级联实现运算关系，画出电路图，并选择合适的元器件。

4.3.9　实验报告要求

（1）分析用集成运算放大器组成的各种运算电路的原理，写出运算公式。

（2）整理实验数据，根据实验结果进行误差分析。

（3）对实验过程中出现的现象、故障及解决过程进行分析，写出建议和感想。

4.4　波形发生器的设计仿真与调试

4.4.1　仿真与实验的目的和意义

（1）加深理解集成运算放大器作为电压比较器的工作特性。

（2）掌握由集成运算放大器组成的各种波形发生器的工作原理。

（3）掌握各种波形发生器的构成及特点，学习设计和调测波型的方法。

（4）通过仿真分析观察波形发生器的运行结果，以更好地完成实际元器件的连接实验。

4.4.2　实验预习

（1）复习集成运算放大器的工作特性及电压比较器的工作原理。

（2）复习二极管和稳压管的工作特性及工作原理。

（3）预习并完成正弦波、方波和三角波发生电路的原理图设计、参数配置和元器件选择。

（4）通过仿真实验了解如何调节各种波形发生器的幅值和频率，完善实验方案，并写出实际元器件连接实验步骤。

4.4.3　实验原理

1. RC 正弦波振荡器

RC 正弦波振荡器电路如图 4.27 所示。

图 4.27 中电阻 R_f、R_1 构成负反馈支路，其组态为电压串联负反馈。它的作用是稳定电路的电压放大倍数、减轻振荡幅度；减小输出电阻，提高电路的带负载能力；增大输入电阻；减小放大电路对串并联网络性能的影响，减小输出波形失真等。

图中 D_1、D_2 的作用是：当 u_o 幅值很小时，二极管 D_1 和 D_2 开路，等效电阻 R_f 较大，此时 $|A_{uf}| = U_o/U_+ = (R_1 + R_f)/R_1$ 较大，有利于起振；反之，当 u_o 幅值较大时，二极管 D_1 或 D_2 导通，R_f 减小，A_{uf} 随之下降，u_o 幅值趋之稳定。因此，在一般的 RC 文氏电桥振荡电路基础上，加上如图 4.27 所示电路中的 D_1、D_2，有利于起振和稳幅。

为了简便，通常取 $R_4 = R_5 = R$，$C_1 = C_2 = C$，则振荡电路频率为

$$f_o = \frac{1}{2\pi RC} \tag{4.22}$$

起振的幅值条件为

$$\frac{R_f}{R_1} \geqslant 2$$

改变选频网络的参数 C 或 R，即可调节振荡频率，一般采用改变电容 C 作频率量程切换

（粗调），而调节 R 做量程内的频率细调。

2. 方波发生电路

方波发生电路的工作原理实质上是电压比较器电路，如图 4.28 所示。

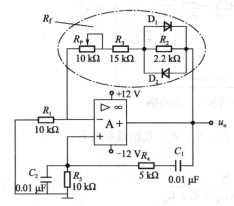

图 4.27　RC 正弦波振荡电路图

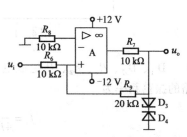

图 4.28　方波发生器电路图

这是一个具有迟滞回环传输特性的比较器。由于正反馈作用，这种比较器的门限电压是随输出电压 u_o 的变化而变化的。

由图 4.28 可得

$$u_+ = u_i - \frac{u_i - u_o}{R_6 + R_9}R_6 \tag{4.23}$$

电路翻转时，有 $u_- = u_+ = 0$，即得

$$u_o = -\frac{R_9}{R_6}u_i \tag{4.24}$$

电压比较器电压传输特性如图 4.29 所示。

3. 三角波发生电路

三角波发生器电路如图 4.30 所示。将图 4.28 输出的方波经积分器积分可得到三角波，同样，用三角波也可以触发比较器自动翻转形成方波。如图 4.31 所示的方波-三角波发生电路，把电压比较器和三角波发生电路首尾相连形成正反馈闭环系统，则构成方波-三角波发生电路。采用运算放大器组成的积分电路，可实现恒流充电，使三角波波形的线性度大大改善。

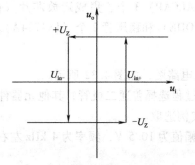

图 4.29　比较器电压传输特性

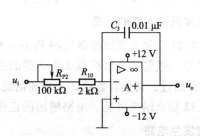

图 4.30　三角波发生器电路图

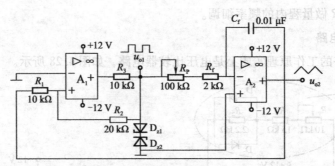

图 4.31　方波–三角波发生电路图

其中，A_1、D_{z1}、D_{z2}、R_1、R_2、R_3组成电压比较器，A_2、R_f、C_f组成积分器。

电路的振荡频率为

$$f_o = \frac{R_2}{4R_1(R_1 + R_P + R_5)\,C_f} \tag{4.25}$$

方波的输出幅值为

$$u_{o1} = \pm \frac{R_1}{R_2}(U_Z + U_D) \tag{4.26}$$

式中，U_Z为稳压二极管的稳压值，U_D为稳压二极管正向导通电压。

4.4.4　仿真分析

常用的波形发生器电路一般分为正弦波振荡电路、方波发生电路、三角波发生电路、矩形波发生电路和锯齿波发生电路等，作为各种电路的信号源和激励源使用。本节只仿真正弦波振荡电路、方波发生电路和三角波发生电路 3 种电路。

1. 仪器仪表和元器件清单

本实验分三部分调试正弦波、方波和三角波发生电路，然后将三部分电路连接起来组成一个电路，所用的元器件和仪器清单是按照正弦波、方波和三角波一体电路列出的，元器件和仪器的具体选取方法参见 2.3.2 和 2.4.3 节有关内容。

（1）仪器仪表：示波器（OSCILLOSCOPE）、输出端子（Terminal）中的电源 6 个（POWER，分别设置为 +12V 和 –12V）和接地端 3 个（GROUND）。

（2）元器件：固定电阻 10 个、电容器（REALCAP）3 个、集成运放芯片（μA741）3 个、可调电阻（POT–HG）2 个、二极管 2 个（DIODE）和稳压管 2 个（IN4734A）。

2. 正弦波振荡电路的仿真

参照图 4.27 绘制正弦波振荡电路 Proteus 仿真电路图，如图 4.32 所示。

图 4.27 中二极管的选取根据 2.4.3 节的选取过程选择普通二极管，其他元器件的选取在前面章节都介绍过，请读者参照 2.4.3 和前面的实例选取。

由图 4.32 仿真结果可见，电路输出的正弦波幅值为 10.5 V，频率为 4 kHz 左右。

3. 方波发生电路

仿照图 4.28 绘制 Proteus 仿真电路图，如图 4.33 所示。

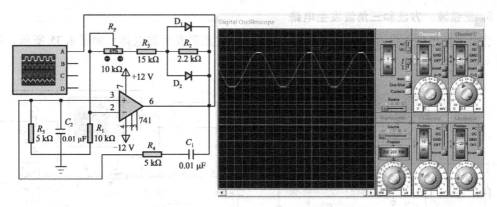

图 4.32 *RC* 正弦波振荡 Proteus 仿真电路图

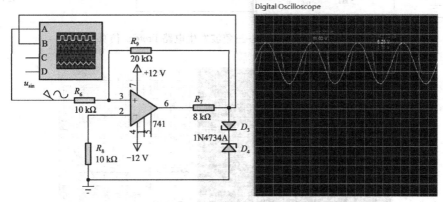

图 4.33 方波发生电路 Proteus 仿真图

在仿真电路中，先输入幅值为 10 V，频率为 4 kHz 的正弦波信号，稳压管的选取参照 2.4.3 节相关元器件选取介绍，稳压管的稳压值为 5.6 V。本例中选择的稳压管是 1N4734A。

由仿真结果可见，输出方波信号频率与正弦波信号频率相同，由于稳压管的限幅作用，方波的幅值为 5.75 V。方波的上升沿和下降沿均有斜度。

4. 三角波发生电路

仿照图 4.30 绘制三角波发生电路 Proteus 仿真电路图，如图 4.34 所示。电路中输出方波信号取自方波发生电路的输出，幅值为 5.08 V，频率为 4 kHz，由仿真结果可见，输出为三角波。

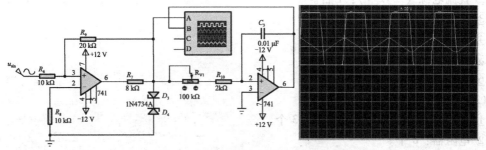

图 4.34 三角波发生电路 Proteus 仿真图

5. 正弦波、方波和三角波发生电路

将三部分电路连接起来得到正弦波-方波-三角波波形发生器电路，如图4.35所示。运行结果如图4.36所示。

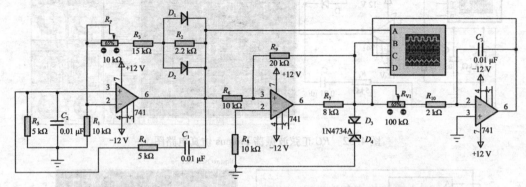

图 4.35　正弦波-方波-三角波发生电路 Proteus 仿真图

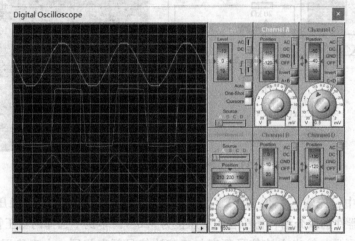

图 4.36　正弦波-方波-三角波发生电路 Proteus 仿真结果图

4.4.5　实验仪器和元器件

（1）实验仪器：

① 数字万用表：1 块。

② 直流电源（±12 V）：1 台。

③ 信号源：1 台。

④ 双踪示波器：1 台。

⑤ 数字频率计：1 台。

⑥ 交流毫伏表：1 块。

（2）实验所需元器件：

① 集成运算放大器芯片 μA741：3 个。

② 电阻器：6 个。

③ 电容器：1 个。

④ 二极管：2 个。

⑤ 稳压管：2 个。

4.4.6　实验注意事项

（1）二极管 D_1、D_2 应选用特性一致的硅管。

（2）μA741 集成运算放大器的各个引脚不要接错，尤其是正、负电源不能接反，否则极易损坏芯片。

4.4.7　实验内容

1. RC 正弦波振荡器实验

（1）参照图 4.27 连接线路，注意正确连接正负电源。检查无误后，接通电源，然后缓慢调节 R_P，观察负反馈强弱（即 A_{uf} 大小）对输出波形 u_o 的影响。

（2）调节 R_P，使 u_o 波形基本不失真时，分别测出输出电压值 U_o（有效值）和振荡频率 f_o。

（3）画出波形，标注实测频率并与理论值进行比较；观察二极管 D_1、D_2 的稳幅作用。

2. 占空比可调的矩形波发生电路设计实验

（1）参照图 4.28 的连接电路，输入正弦波信号，信号的幅值和频率尽量与 RC 正弦波振荡电路的输出信号一致，观察并测量电路的振荡频率，幅值及占空比。

（2）将 RC 正弦波振荡电路的输出信号连接到图 4.28 所示的电路的输入端，观察并测量电路的振荡频率，幅值及占空比。

（3）若要使占空比增大，应如何选择电路参数？先确定方法然后通过实验予以验证。

3. 方波-三角波发生电路实验

（1）参照图 4.31 连接线路，用示波器分别观测 u_{o1} 及 u_{o2} 的波形并作记录。

（2）如何改变输出波形的频率？按预习的设计方案分别进行实验并记录。

4. 锯齿波发生电路实验（选做）

（1）参照图 4.31 并查阅资料自拟实验电路；按设计的实验电路图连接线路，观测并记录电路输出的波形和频率。

（2）按设计的方案改变锯齿波频率，测量并记录数据变化范围。

（3）整理实验数据，把实测频率与理论值进行比较；分析电路参数变化（R_1、R_2、R_P）对输出波形频率及幅值的影响。

4.4.8　实验思考题

（1）哪些因素会影响波形发生器的幅度和频率？

（2）三角波发生器和锯齿波发生器电路有何不同？

4.4.9　实验报告要求

（1）分析 RC 振荡电路的起振条件，写出频率和幅值的运算公式。根据实验电路元器件参数完成理论值计算，并与实验结果进行比较。

（2）画出实验中矩形波和三角波波形发生器的电路图和输出波形图，并计算实测的幅值和频率与理论计算值的误差，分析误差原因。

（3）讨论二极管 D_1、D_2 的稳幅作用。

（4）对实验过程中出现的现象、故障及解决过程进行分析，写出建议和感想。

4.5　直流稳压电源的仿真与实验

4.5.1　仿真与实验的目的和意义

（1）掌握直流稳压电源的特点和组成原理。

（2）了解集成稳压芯片 W7812 的主要性能和技术参数。

（3）通过仿真和元器件连接实验掌握直流稳压电源电路的主要性能指标及其测试方法。

4.5.2　实验预习

（1）复习直流稳压电源的组成和各部分的工作原理。

（2）复习直流稳压电源的性能指标和参数。

（3）预习并完成由 W7812 为稳压芯片的直流稳压电源的各组成部分参数测试的实验数据表格和理论值的计算。

（4）通过仿真分析验证理论计算结果。

4.5.3　实验原理

1. 集成稳压电源的组成及参数测试

图 4.37 所示为用 W7812 稳压芯片构成的直流稳压电路，它能将输入的 220 V（50 Hz）交流电压变换为稳定的 12 V 直流电压输出到负载。

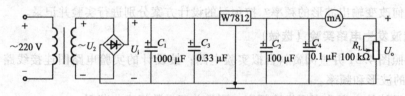

图 4.37　W7812 构成的直流稳压电源

图中滤波电容 C_1、C_2 一般选取几百至几千微法，当稳压器距离整流电路比较远时，在输入端必须接入电容器 C_3（数值为 0.33 μF），以抵消线路的电感效应防止自激振荡。输出端接电容 C_4（0.1 μF），用以滤除输出端的高频信号，改善电路的暂态响应。

本实验所用集成稳压器为三端固定正稳压器 W7812，它的主要参数如下：

（1）输出直流电压 U_o = + 12 V。

（2）输出电流范围 L：0.1 A，M：0.5 A。

（3）电压调整率 10 mV/V，输出电阻 R_o = 0.15 Ω。

（4）输入电压 U_i 的范围以 15 ~ 17 V 为佳，因为一般 U_i 要比 U_o 大 3 ~ 5 V，才能保证集成稳压器工作在线性区。

图 4.38 为 W78×× 系列的外形图和接线图。

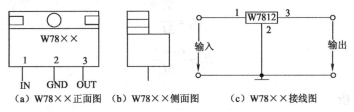

（a）W78××正面图　（b）W78××侧面图　（c）W78××接线图

图 4.38　W78×× 系列的外形图和原理接线图

下面介绍稳压电源主要性能指标与测试方法。

（1）稳压系数 S_u。直流稳压电源如图 4.39 所示。当输出电流不变（且负载为确切值）时，输出电压相对变化量与输入电压相对变化量之比定义为稳压系数，用 S_u 表示。

$$S_u = \frac{(\Delta U_o)/U_o}{(\Delta U_i)/U_i}\Big|_{I_o=\text{常数}} \tag{4.27}$$

测出当输入电压 U_i 增大和减少 10% 时，其相应的输出电压为 U_{o1} 和 U_{o2}，求出 ΔU_{o1}（$\Delta U_{o1} = U_{o1} - U_o$）和 ΔU_{o2}（$\Delta U_{o2} = U_{o2} - U_o$），并将其中数值较大的作为 ΔU_o 代入 S_u 表达式中。显然，S_u 越小，稳压效果越好。

图 4.39　稳压电源框图

（2）输出电阻 R_o。输入电压不变，输出电压变化量与输出电流变化量之比定义为稳压电源的输出电阻，用 R_o 表示。

$$R_o = \left|\frac{\Delta U_o}{\Delta I_L}\right|_{\Delta U_i=\text{常数}} \tag{4.28}$$

式中，$\Delta I_L = I_{Lmax} - I_{Lmin}$（$I_{Lmax}$ 为稳压器额定输出电流，$I_{Lmin} = 0$）。

测量时，令 $\Delta U_i = $ 常数，分别测出 I_{Lmax} 时的 U_{o1} 和 $I_{Lmin} = 0$ 时的 U_{o2}，求出 ΔU_o，即可算出 R_o。

（3）纹波电压。纹波电压是指输出电压中交流分量的有效值，一般为毫伏量级。测量时，保持输出电压 U_o 和输出电流 I_L 为额定值，用交流毫伏表直接测量即可。

2. 集成稳压电源性能扩展

当选定稳压器的型号后，其输出电压基本固定，若想扩大输出电压范围，可以通过改变公共端的电位来实现。图 4.40 为用固定三端稳压器组成的扩大输出电压范围的三端稳压器，其中 $U_2 = 28$ V。R_2 上的偏压是由静态电流 I_o 和 R_1 上提供的偏流共同决定的，在 R_2 上产生一个可调的变化电压，并加在公共端，则输出电压为

$$U_o = U_x\left(1 + \frac{R_2}{R_1}\right) + I_x R_2 \tag{4.29}$$

式中，U_x 为集成稳压器的固定输出电压；I_x 为集成稳压器的静态电流（W7812 的 $I_x = 8$ mA）。

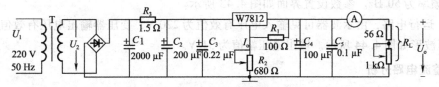

图 4.40　输出电压可调的稳压电源

R_1 和 R_2 参照式（4.30）和式（4.31）取值。

$$R_1 = \frac{U_o}{5I_x} \tag{4.30}$$

$$R_2 = \frac{U_o - U_x}{6I_x} \tag{4.31}$$

4.5.4　仿真分析

1. 仪器仪表和元器件清单

本实验分别调试变压整流、滤波和稳压电路，然后将三部分电路连接起来成一个电路，所用的元器件和仪器仪表是按照整流、滤波和稳压一体电路列出的，元器件和仪器仪表的具体选取方法参见2.3.2和2.4.3节有关内容。

（1）仪器仪表：变压器（TRAN-2P2S）、正弦波信号源（SOURCE-VSIN）、示波器（OSCILLOSCOPE）、交流电压表（AC VOLTMETER）和输出端子（Terminal）中的接地端2个（GROUND）。

（2）元器件：固定电阻1个、电容器（CAP）4个、集成电源芯片（7812）1个、可变电阻（POT-HG）1个和二极管整流桥（2W005G）1个。

2. 变压器的选择和参数设置

变压器的选择和参数设置参照图4.41进行。

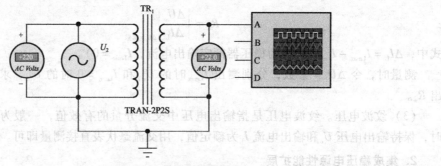

图4.41　变压器电路

（1）在元器件选择界面的Keywords文本框中输入transformer，则在Results界面显示7个变压器。本例选择TRAN-2P2S的简单变压器。

（2）变压器变比设为10（初级电感 $L_1 = 1\mathrm{H}$，次级电感 $L_2 = 0.01\mathrm{H}$，则变比 $n = \sqrt{L_1/L_2} = 10$，其他参数设置可以选择默认或根据需要改变，设置界面如图4.42所示。

（3）加入输入信号。输入信号选择正弦波信号，有效值为220 V，则幅值为220的 $\sqrt{2}$ 倍311 V，频率为50 Hz。参数设置界面如图4.43所示。

（4）运行电路，由示波器可见输入电压有效值为220 V，变压器输出电压有效值为22 V。输出电压波形如图4.44所示。输出电压幅值为31 V。

3. 整流电路分析

变压整流电路如图4.45所示。

图 4.42　变压器参数设置界面　　　　　图 4.43　正弦电压参数设置界面

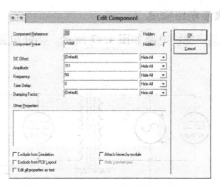

图 4.44　输出电压波形图

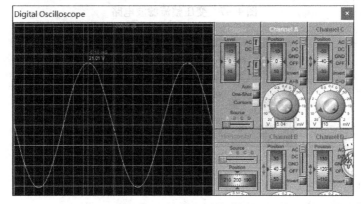

图 4.45　变压整流电路

将整流桥 2W005G 接入电路，在空载状态下运行电路，然后用示波器观察变压器输出和整流桥输出，波形图如图 4.46 所示。整流电路将正弦波电压变换成单相脉动电压。

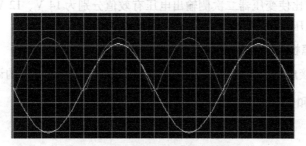

图 4.46　变压整流输出波形图

4. 滤波电路构成

变压整流滤波电路如图 4.47 所示。接好电路后，用示波器测量输出波形，波形图如图 4.48 所示。

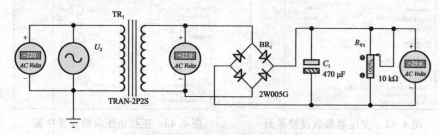

图 4.47　变压整流滤波电路

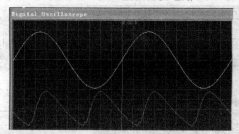

图 4.48　变压整流滤波后的输出波形图

由图 4.48 可见滤波之后输出波形减小了脉动性。

5. 集成稳压电源电路性能分析

完成变压整流和滤波电路调试后，参照图 4.37 完成整个电路的连接。运行电路，观察输出波形，此时输出电压为 11.9 V。仿真电路图如图 4.49 所示。

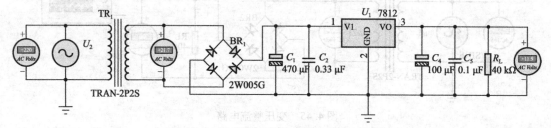

图 4.49　集成稳压电源电路及其运行情况

在图 4.49 的基础上可以通过改变负载电阻的大小分析稳压性能，并与理论设计进行比较。调整变压器的变比使变压器二次侧输出电压有效值分别为 14 V、12 V 和 10 V，观察输出电压的变化，分析电压和电流调整率。

6. 集成稳压电源性能扩展

参照图 4.40 连接成可扩大输出电压的三端稳压器，测试输出电压的调整范围。

4.5.5　实验仪器和元器件

（1）实验仪器。

① 数字万用表：1 块。

② 交流毫伏表：1 块。

③ 示波器：1 台。

④ 电流表：1 块。

（2）实验所需元器件：

① 可调输出变压器：1 台。

② 二极管整流桥：1 个。

③ 电阻器：3 个。

④ 电解电容器：2 个。

⑤ 陶瓷电容器：2 个。

⑥ 集成稳压芯片 7812：1 个。

⑦ 滑动变阻器：2 个。

4.5.6　实验注意事项

（1）变压器副边电压 U_2 为交流电压有效值，用万用表交流电压挡测量；而整流、滤波和稳压输出电压 U_o 为平均值，用万用表直流电压挡测量。

（2）注意电解电容的极性，切勿接反。

（3）每次改接电路时，必须切断工频电源。

4.5.7　实验内容

1. 集成稳压电源电路的连接和性能测量

（1）参照图 4.37 分步骤连接直流稳压电源电路，注意每次改接之前要切断电源，连接之后先进行输出电压测量然后进行下一步连接。负载电阻取值视电流表量程而定。

① 变压输出测量：将变压器原边接到 220 V 交流电源上，缓慢调节调压器，用万用表交流挡测量变压器副边电压，使交流电压在 15～22 V 之间，记录数据填入表 4.13 中。

表 4.13　稳压电路连接测试

项目	变压器	整流	滤波		稳压	
			空载	带载	空载	带载
输出电压 U						

② 整流输出测量：关闭电源，将整流桥正确连接到电路中，然后接通电源，用万用表直流挡测量桥式整流电路的输出，并将测量结果填入表 4.13 中。

③ 滤波电路测试：关闭电源，将滤波电容连接到电路中，在开路的状态下用万用表直流挡测量输出电压；然后关闭电源，将 40 kΩ 负载电阻接入电路，接通电源，测量负载电阻两端的电压，比较两个电压的变化，将测量结果填入表 4.13 中。

④ 稳压电路测试：关闭电源，参照图 4.37 将稳压集成芯片 7812 及输入输出端电容 C_2、C_3 和 C_4 连接到电路中，接通电源用万用表测量稳压器输出，并将测量结果填入表 4.13 中；然后关闭电源，将毫安表和负载电阻接入电路，接通电源，测量负载电压和电流，将测量结果填入表 4.13 中。

电路经初测满足正常工作状态后，才能进行各项指标的测试。

（2）稳压电源各项性能指标测试。

① 负载变化对输出电压 U_o 和输出电流 I_L 的影响。根据毫安表量程，选择负载电阻的阻值。比如，如果在输出端接负载电阻 $R_L = 20$ kΩ，由于 W7812 输出电压 $U_o = 12$ V，因此流过 R_L 的电流应该为 $I_{max} = 12/20$ kΩ $= 0.6$ mA。这时，如果改变负载，U_o 应基本保持不变，若变化较大则说明集成块性能不良。改变负载 R_L 取值，观察负载电流和电压的变化，将测量结果填入表 4.14 中。

表 4.14　稳压电路连接测试

负载电阻 R_L	输出电压 U_O	输出电流 I_L

② 测量稳压系数 S_u。电路接负载电阻 R_L，然后接通电源，缓慢调节变压器输出变化 ±10%（注意，电压减小不能低于 15 V），测量输出电压的数值，利用公式 4.27 计算稳压系数，取两个计算结果中较大的作为最后结果。

③ 测量输出电阻 R_o。可以利用前面的测量结果直接计算输出电阻 R_o。

④ 测量输出纹波电压。在电路正常工作的情况下，用交流毫伏表接到负载两端直接测量并记录纹波电压。

2. 输入电压变化时稳压电源的稳压性能

缓慢减小变压器输出到 14 V，然后测量输出电压和输出电流，然后继续减小变压器输出到 12 V 和 10 V，测量输出电压和输出电流，将测量数据填入表 4.15 中。注意，此时接入负载电阻 R_L 必须考虑毫安表量程范围。

表 4.15　电压偏小时稳压电路的稳压性能

输入电压 U_i	输出电压 U_O	输出电流 I_L
14 V		
12 V		
10 V		

3. 集成稳压电源性能扩展

参照图 4.40 连接成可扩大输出电压的三端稳压器，其中 $U_2 = 28$ V。自拟测试方法与表格，记录实验结果。

4.5.8　实验思考题

（1）参照图 4.37，设计能产生 −12 V 的集成稳压电源。

（2）参照图 4.49，并查阅资料，设计出不同的输出电压可调的稳压电源。

4.5.9　实验报告要求

（1）整理实验数据并与理论计算值相比较，分析误差原因；实验数据处理过程要写在实验报告上。

（2）分析电路中主要元器件的作用。

（3）对实验过程中出现的现象、故障及解决过程进行分析，写出建议和感想。

4.6　模拟电子电路综合仿真实验

4.6.1　综合仿真实验的目的和意义

（1）仿真分析模拟电子元器件的工作特性。

（2）仿真分析模拟电子电路的工作原理和工作性能。

（3）深入理解模拟电子电路的主要特性，为进一步深入学习模拟电子技术和模拟电子电路设计实验打好基础。

4.6.2　实验预习

（1）复习学过的模拟电子技术知识。

（2）查阅资料确定综合仿真实验的内容和项目。

（3）准备好实验草图和仿真测试内容，以备实验时参考。

4.6.3　仿真分析

1. 单晶体管共发射极电路和共集电极电路的性能分析与比较

单晶体管构成的电路因输入信号和输出信号的端口不同有 3 种不同的组态形式，分别为共发射极电路、共集电极电路和共基极电路。

4.1 节讨论了单晶体管共发射极放大电路的性能和波形失真，并经过实际电路的连接实验验证了仿真结果。本节通过仿真分析单晶体管共集电极电路的性能。共集电极电路如图 4.50 所示。共集电极电路的电压放大倍数公式表示为

$$A_u = \frac{u_o}{u_i} = \frac{(1+\beta)R_E /\!/ R_L}{r_{be} + (1+\beta)R_E /\!/ R_L} \tag{4.32}$$

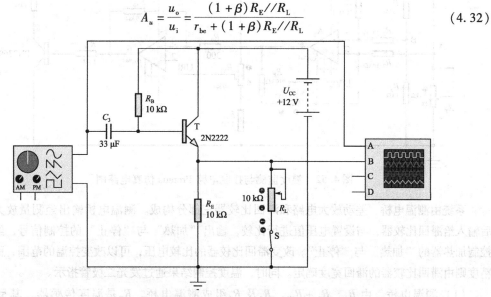

图 4.50　单晶体管共集电极电路 Proteus 仿真电路图

由式（4.32）可见，输入输出同相位，放大倍数小于 1 且接近于 1。

输入信号的设置及仿真结果如图 4.51 所示。输入信号为 3 V、1 kHz 的正弦信号。由图 4.51 可见输出信号与输入信号同相位，且大小几乎相等，显示出电压跟随特性。

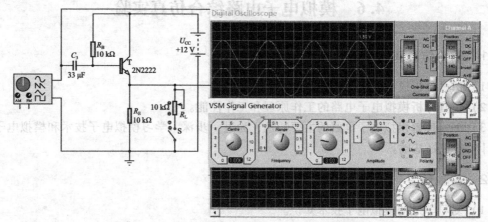

图 4.51　单晶体管共集电极电路仿真结果图

将开关 S 闭合，分别改变输入信号和负载电阻 R_L 的大小，观察输出波形的变化，讨论单晶体管共集电极电路的电压跟随特性和负载的变化对电路性能的影响。

2. 温度监测与控制电路的仿真分析

温度检测与控制电路 Proteus 仿真电路图如图 4.52 所示。

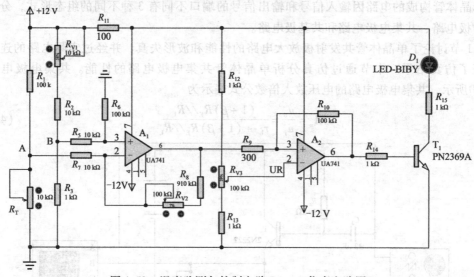

图 4.52　温度监测与控制电路 Proteus 仿真电路图

系统由测温电桥、差动放大电路和滞回比较器三部分构成。测温电桥输出经测量放大器放大后输入给滞回比较器，与设置电压值进行比较，输出"加热"与"停止"的控制信号，经晶体管控制加热器的"加热"与"停止"。改变滞回比较器的比较电压，可以改变控温的范围，而控温的精度则由滞回比较器的滞回宽度确定。同时，温度控制结果通过发光二极管指示。

（1）测温电桥。由 R_1、$R_2 + R_{V1}$、R_3 及 R_T 组成测温电桥。R_T 是温度传感器，其呈现出的

阻值与温度成非线性变化关系且具有负温度系数，而温度系数又与流过它的工作电流有关。为了稳定 R_T 的工作电流，达到稳定其温度系数的目的。R_{V1} 用于调节测温电桥的平衡。

（2）差动放大电路。由集成运算放大器 A_1 及外围电路组成差动放大电路，将测温电桥输出电压按比例放大。其输出电压为

$$U_{o1} = -\frac{R_8 + R_{V2}}{R_7}V_A + \left(1 + \frac{R_8 + R_{V2}}{R_7}\right)\frac{R_6}{R_6 + R_5}V_B \tag{4.33}$$

当 $R_7 = R_5$，$R_8 + R_{w2} = R_6$ 时

$$U_{o1} = \frac{R_8 + R_{V2}}{R_7}(V_B - V_A) \tag{4.34}$$

差动放大电路的输出电压 U_{o1}，取决于两个输入电压之差和外部电阻的比值。

（3）滞回比较器。差动放大器输出电压 U_{o1} 经分压后输入到集成运放 A_2 构成的滞回比较器的同相输入端，与反相输入端的参考电压 U_R 相比较。当同相输入端的电压信号大于反相输入端的电压时，A_2 输出正饱和电压，晶体管 T_1 饱和导通，发光二极管 LED 点亮。反之，当同相输入信号小于反相输入端电压时，A_2 输出负饱和电压，晶体管 T_1 截止，LED 熄灭。调节 R_{v3} 可改变参考电平，同时调节了上下门限电平，从而达到设置温度的目的。

编译无误后，点击屏幕左下角的运行按钮 ▶。发光二极管 LED 被点亮，说明测量的温度大于设置的温度。同时，也可以通过调节 R_{V3} 改变设置温度值，进而可以改变 LED 的开启温度。

3. 开关稳压电源电路的仿真分析

（1）基于分立元器件的串联型稳压电源。本设计主要利用 NPN 和 PNP 晶体管两种元器件制作一个分立式元器件串联反馈型稳压电源。电路图如图 4.53 所示。从图中可以看出，稳压电源由变压器、整流电路、滤波电路和稳压电路四部分组成。其整流部分为单相桥式整流电路，滤波采用电容滤波电路。

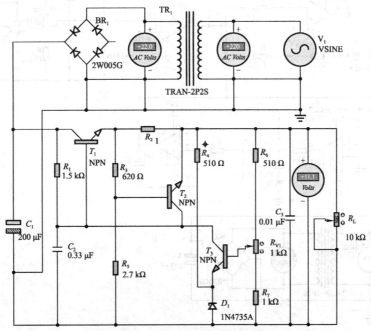

图 4.53　基于分立元器件的串联型稳压电源 Proteus 仿真电路图

本电路的稳压部分为串联型稳压电路，它由以下元器件构成：

① 调整元器件（晶体管 T_1）。

② 比较放大器 T_3 和电阻 R_1。

③ 取样电路 R_6、R_7 和 R_{V1}。

④ 基准电压 D_1 和 R_4。

⑤ 过流保护电路 T_2 管及电阻 R_2、R_3、R_5。

⑥ 负载 R_L。

整个稳压电路是一个具有电压串联负反馈的闭环系统。

需要说明的是，晶体管 T_2、R_2、R_3 和 R_5 组成减流型保护电路。在调试时，若保护提前作用，应减少 R_2 的阻值；若保护作用滞后，则应增大 R_2 的阻值。

（2）基于 μA741 的串联开关型稳压电源。由 μA741 构成的串联开关型稳压电源的结构如图 4.54 所示。它包括变压器、桥式整流电路、调整管及其开关驱动电路（其中 A_1 组成电压比较电路，A_2 组成比较放大电路）、三角波发生器（A_3、A_4 及其周围电路组成）、滤波电路（电容 C_4 和续流二极管 D_6）和取样电路（滑动变阻器 R_{V2}、电阻 R_9 和 R_{10}）。开关稳压电源按其控制方式分为两种基本形式：一种是脉冲宽度调制（PWM）；另一种是频率调制（PFM）。图 4.54 采用的是 PWM 方式。因此，电路输入与输出的关系如式 4.35 所示。

$$U_o \approx \frac{T_{on}}{T}U_i = qU_i \tag{4.35}$$

式中，T 表示开关的脉冲周期；T_{on} 表示其导通时间；q 为脉冲电压的占空系数。

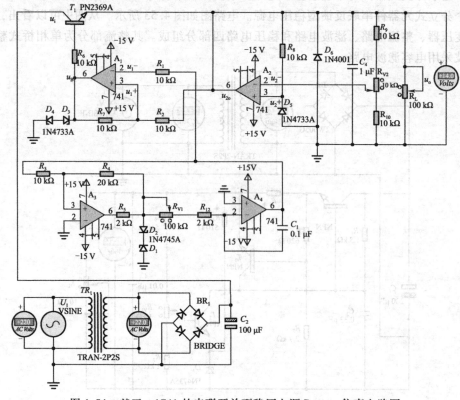

图 4.54　基于 μA741 的串联开关型稳压电源 Proteus 仿真电路图

由图 4.54 可知，取样电压 u_{2-} 与基准电压 u_{2+} 之差，经 A_2 放大后，作为由 A_1 组成的电压比较器的阈值电压 u_{1+}，与三角波发生电路的输出电压 u_{1-} 相比较，得到控制信号 u_B，来控制调整管的工作状态。当 U_o 升高时，取样电压会同时增大，并作用于比较放大电路的反相输入端，与同相输入端的基准电压比较放大，使放大电路的输出电压减小，经电压比较器使 u_B 的占空比变小，因此输出电压随之减小，调节结果使 U_o 基本不变。上述变化过程可表示为

$$U_o\!\uparrow \longrightarrow u_{2-}\!\uparrow \longrightarrow u_{2o}\!\downarrow \longrightarrow q\!\downarrow$$
$$U_o\!\downarrow \longleftarrow \text{────────────────}$$

当 U_o 减小时，与上述变化相反，可表示为

$$U_o\!\downarrow \longrightarrow u_{2-}\!\downarrow \longrightarrow u_{2o}\!\uparrow \longrightarrow q\!\uparrow$$
$$U_o\!\uparrow \longleftarrow \text{────────────────}$$

4.6.4　实验报告要求

（1）将仿真分析的电路图、电路原理介绍、分析过程的波形图和实验测试的数据截图形成 Word 文档。

（2）对仿真实验结果进行分析，将分析结果写在实验报告上。

（3）对仿真实验过程中出现的现象及解决过程进行分析，写出感想。

第 5 章 ‖ 数字逻辑电路仿真与实验

5.1 小规模组合逻辑电路分析与设计

5.1.1 仿真与实验的目的和意义

（1）掌握与门、或门、与非门、异或门和非门等逻辑门的基本逻辑功能及使用方法。
（2）掌握组合逻辑电路的分析方法及功能测试方法。
（3）掌握小规模组合逻辑电路的设计方法及功能验证过程。
（4）通过仿真分析加深对数字电路工作原理的理解，为实际实验操作做好准备。

5.1.2 实验预习

（1）复习基本逻辑门的逻辑关系、逻辑状态表以及组合逻辑电路的分析方法。
（2）复习用基本逻辑门构成半加器、全加器的方法和电路的工作原理。
（3）复习组合逻辑电路的设计方法，并完成实验电路的设计草图。
（4）实验之前必须把实验题目、实验目的和意义、逻辑功能分析、实验电路图和真值表填写在实验报告相应的栏目及表格中。
（5）完成相关电路的仿真分析。

5.1.3 实验原理

1. 基本逻辑门

本实验中涉及的基本逻辑门为与非门、与门、或门、异或门和非门。逻辑符号、逻辑表达式、逻辑状态表及功能如表 5.1 所示。

表 5.1 常用逻辑门的逻辑符号、逻辑表达式、逻辑状态表及功能

逻辑门名称	逻 辑 符 号	逻辑表达式	逻辑状态表		功 能 简 述
			输入	输出	
			A B	Y	
与非门	A —— & —— Y B ——	$Y = \overline{AB}$	0 0	1	有 0 出 1 全 1 出 0
			0 1	1	
			1 0	1	
			1 1	0	

续上表

逻辑门名称	逻辑符号	逻辑表达式	逻辑状态表		功能简述
与门	A —— & —— Y B ——	$Y = AB$	输入 A B	输出 Y	有 0 出 0 全 1 出 1
			0　0	0	
			0　1	0	
			1　0	0	
			1　1	1	
或门	A —— ≥1 —— Y B ——	$Y = A + B$	输入 A B	输出 Y	有 1 出 1 全 0 出 0
			0　0	0	
			0　1	1	
			1　0	1	
			1　1	1	
异或门	A —— =1 —— Y B ——	$Y = A \oplus B$	输入 A B	输出 Y	相同出 0 不同出 1
			0　0	0	
			0　1	1	
			1　0	1	
			1　1	0	
非门	A —— 1 ◦—— Y	$Y = \bar{A}$	输入 A	输出 Y	有 0 出 1 有 1 出 0
			0	1	
			1	0	

2. 组合逻辑电路分析

（1）组合逻辑电路的分析步骤如下：

① 根据逻辑电路图写出逻辑表达式。

② 化简和变换逻辑表达式。

③ 根据逻辑式列出逻辑状态表。

④ 根据逻辑状态表分析逻辑功能。

（2）半加器电路分析。半加器参考电路
如图 5.1 所示。

① 由逻辑图写出 S、C 的逻辑表达式，
化简变换得到如下关系式：

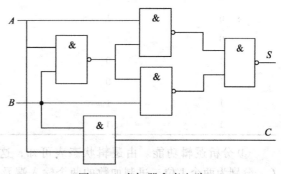

图 5.1　半加器参考电路

$$\begin{cases} S = \overline{\overline{\overline{AB}\cdot A}\cdot\overline{\overline{AB}\cdot B}} = \overline{AB}\cdot A + \overline{AB}\cdot B = \overline{A}B + A\overline{B} \\ C = AB \end{cases} \tag{5.1}$$

② 由逻辑式列出逻辑状态表，如表5.2所示。

表5.2　半加器逻辑状态表

输	入	输	出
A	B	S	C
0	0	0	0
0	1	1	0
1	0	1	0
1	1	0	1

③ 分析逻辑功能。由逻辑状态表可知，这是一个1位二进制数半加器，其中A、B分别为1位二进制加数的输入端，S为本位和输出端，C为进位输出端。

（3）全加器电路分析。全加器参考电路如图5.2所示。

① 由逻辑图写出S_i、C_i的逻辑式，并且化简变换得到如下关系式：

$$\begin{cases} S_i = A_i\oplus B_i\oplus C_{i-1} \\ C_i = A_iB_i + (A_i\oplus B_i)C_{i-1} \end{cases} \tag{5.2}$$

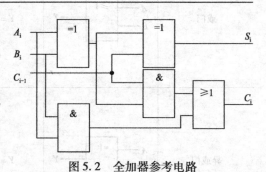

图5.2　全加器参考电路

② 由逻辑式写出逻辑状态表，如表5.3所示。

表5.3　全加器逻辑状态表

输		入	输	出
A_i	B_i	C_{i-1}	S_i	C_i
0	0	0	0	0
0	0	1	1	0
0	1	0	1	0
0	1	1	0	1
1	0	0	1	0
1	0	1	0	1
1	1	0	0	1
1	1	1	1	1

③ 分析逻辑功能。由逻辑状态表可知，这是一个1位二进制数全加器，其中A_i、B_i、C_{i-1}分别为两个1位二进制加数的两个输入端及低位向本位的进位输入端，S_i为本位和输出端，C_i为进位输出端。

3. 组合逻辑电路设计

（1）组合逻辑电路的设计步骤如图 5.3 所示。具体包含以下几步：

① 对实际的逻辑问题进行逻辑抽象。

② 列出待设计电路的逻辑状态表。

③ 根据逻辑状态表写逻辑表达式。

④ 化简和变换逻辑表达式。

⑤ 选择芯片。

⑥ 画出逻辑电路图。

（2）设计一个三人表决器电路：其中 A 同意得 2 分，其余两人 B、C 同意各得 1 分。总分大于或等于 3 分时通过，即 $F = 1$。

① 由题意列出逻辑状态表，如表 5.4 所示。

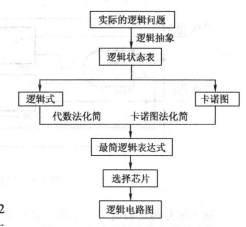

图 5.3　组合逻辑电路的设计步骤

表 5.4　三人表决器电路逻辑状态表

输　　入			输　　出
A	B	C	F
0	0	0	0
0	0	1	0
0	1	0	0
0	1	1	0
1	0	0	0
1	0	1	1
1	1	0	1
1	1	1	1

② 由逻辑状态表写出逻辑表达式。

$$F = A\bar{B}C + AB\bar{C} + ABC \qquad (5.3)$$

③ 化简逻辑表达式。

$$F = AB + AC \qquad (5.4)$$

④ 由逻辑式画出逻辑图，如图 5.4 所示。

5.1.4　仿真分析

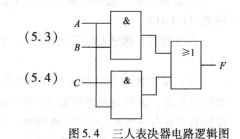

图 5.4　三人表决器电路逻辑图

1. 半加器电路仿真分析

参照图 5.1 画出半加器电路的 Proteus 仿真电路图，如图 5.5 所示。

（1）仪器仪表和元器件清单。图 5.5 所示电路所用的仪器仪表和元器件如下，选取方法参见 2.4 节有关内容。

① 仪器仪表：数字时钟信号发生器（DCLOCK）和示波器（OSCILLOSCOPE）。

② 元器件：两输入与非门（7400）4 个和两输入与门（7408）1 个。

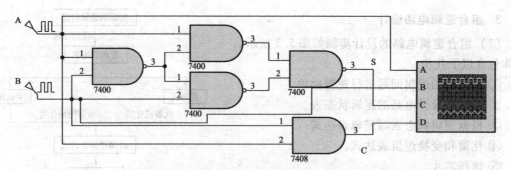

图 5.5 半加器电路 Proteus 仿真图

输入信号是逻辑电平，本例选择的是数字时钟信号发生器 DCLOCK，将 2 个 DCLOCK 属性中信号名称修改为 A 和 B，频率分别为 500 kHz 和 1 Hz。如果是多输入系统，接下来的信号频率继续减半，这样就可以形成逻辑状态表输入的状态。

逻辑门的选择方法可以在选择界面的 Keywords 文本框中直接输入 7400 和 7408，然后在 Results 结果中选择所需型号的可仿真的芯片放置在主界面的适当位置。

本例采用示波器观察输入/输出情况，将输入信号 A 和 B 接到示波器的 A 和 B 通道上，将输出信号 S 和 C 接到示波器的 C 和 D 通道上。

（2）仿真分析过程。运行电路，调整示波器的频率使波形显示适当。如图 5.6 所示，可以看出输入/输出结果符合半加器的逻辑状态表。

2. 全加器电路仿真分析

参照图 5.2 画出全加器电路的 Proteus 仿真电路图，如图 5.7 所示。元器件的选择参照半加器的选择方法。输出采用分析图表中的数字分析图表（DIGITAL），设置方法参照 2.3.2 节。

（1）仪器仪表和元器件清单。电路所用的仪器仪表和元器件如下，选取方法参见 2.4 节有关内容。

① 仪器仪表：数字时钟信号发生器（DCLOCK）和数字分析图表（DIGITAL）。

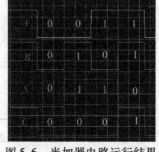

图 5.6 半加器电路运行结果

② 元器件：两输入与门（7408）2 个、两输入异或门（74HC86）2 个和两输入或门（7432）1 个。

（2）采用数字分析图表 DIGITAL 分析电路的逻辑状态变化。首先给电路的两个输出端添加输出标签，此处选择左侧菜单栏中的电压测试探针，然后修改探针的名称分别为 S 和 Ci。鼠标右键点击分析图表打开属性设置，由于本例选择的脉冲时钟信号频率分别为 1K Hz、2K Hz 和 4K Hz，所以将停止时间设置为 3ms，图表画面可以看到 3 个周期的输出波形。

右击曲线，在弹出的快捷菜单中选择 Add Traces 命令，分 5 次操作分别添加时钟信号 A、B、C 和输出信号 S 和 Ci。

编译无误后运行电路，刷新图表可见电路的输出波形图，可以看到输入/输出结果符合全加器的逻辑状态表，最大化的波形图如图 5.8 所示。

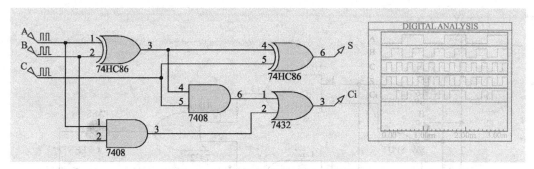

图 5.7 全加器电路 Proteus 仿真图

图 5.8 全加器电路运行结果最大化波形图

3. 小规模组合逻辑电路的设计

参照图 5.4 画出三人表决器电路的 Proteus 仿真电路图，如图 5.9 所示。

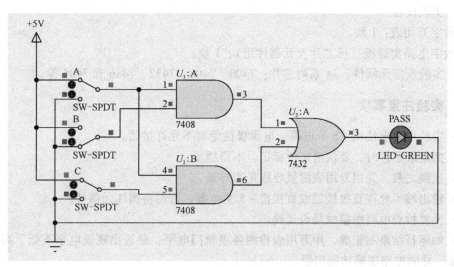

图 5.9 三人表决器电路 Proteus 仿真图

（1）仪器仪表和元器件清单。图 5.9 所示电路所用的仪器仪表和元器件如下，选取方法参见 2.3.2 和 2.4.3 节有关内容。

① 仪器仪表：数字时钟信号发生器（DCLOCK）和示波器（OSCILLOSCOPE）。

② 元器件：两输入与门（7408）2 个和两输入或门（7432）1 个。

（2）仿真分析过程。运行电路，设置不同的输入状态。可以看出输入/输出结果符合三人表决器的逻辑状态表，图 5.9 为灯亮的状态。图 5.10 为灯不亮的状态。

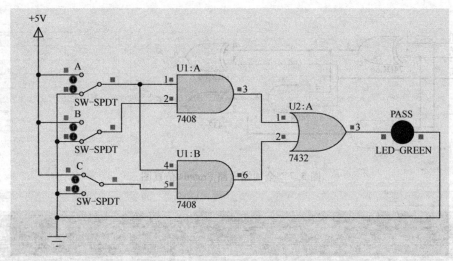

图 5.10　三人表决器电路运行结果

5.1.5　实验仪器和元器件

（1）实验仪器：

① 数字万用表：1 块。

② 数字电路实验板（插芯片及元器件用）：1 块。

（2）实验所需元器件。74 系列芯片：7400、7408、7432、7486 和 7404 等。

5.1.6　实验注意事项

（1）实验中要求使用 +5 V 电源，电源极性绝对不允许接错。

（2）插集成芯片时，要认清定位标记，不得插反。

（3）连线之前，先用万用表测量导线是否导通。

（4）输出端不允许直接接地或直接接 +5 V 电源，否则将损坏元器件。

（5）反复检查电路图接线是否正确。

（6）如运行结果不正确，用万用表检测各逻辑门电平，是否出现低电平不低、高电平不高的现象，导致电路逻辑功能出错。

5.1.7　实验内容

1. 检测 7400、7408、7432、7486 和 7404 的逻辑功能

（1）芯片引脚图。这 4 种基本逻辑门虽然功能不同，但是芯片的引脚定义是一样的，其中引脚 7 接地，引脚 14 接电源，其他 12 个引脚组成 4 个二输入逻辑门，7400 为与非门，7408 为与门，7432 为或门，7486 为异或门。图 5.11 为 5 种芯片的引脚图。

（2）测试步骤。将 7400、7408、7432、7486 和 7404 分别按图 5.11 的逻辑门引脚连线，接好电源和地，输入端 A、B 接逻辑电平，输出端 Y 接指示灯，改变输入状态的高低电平，观察灯的亮灭变化，参照表 5.1 检查逻辑功能，其中输入高电平为状态"1"，输入低电平为状

态 "0"，输出指示灯亮为状态 "1"，灯不亮为状态 "0"。对照检测结果与实际逻辑功能，判别所检测的逻辑门是否工作正常。

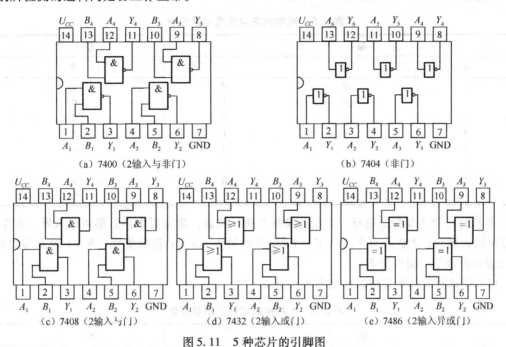

图 5.11　5 种芯片的引脚图

2. 小规模组合逻辑电路分析

（1）分析、测试半加器的逻辑功能。

① 参照图 5.1 选择适合的芯片并逐一进行逻辑门功能测试。

② 参照图 5.1 连接电路。

③ 检查电路连接准确无误后接通电源，并按照表 5.2 的逻辑状态测试电路逻辑功能。

（2）分析、测试全加器的逻辑功能。

① 参照图 5.2 选择适合的芯片并逐一进行逻辑门功能测试。

② 参照图 5.2 连接电路。

③ 检查电路连接准确无误后接通电源，并按照表 5.3 的逻辑状态测试电路逻辑功能。

3. 小规模组合逻辑电路设计

（1）设计三人表决器电路，逻辑要求见实验原理，并参照下列步骤进行实验。

① 根据预习中所得到组合逻辑电路的逻辑表达式和逻辑图，确定所需要的芯片。

② 对实验中要用到的芯片进行功能测试。

③ 根据预习中所得到的逻辑电路图进行电路连接。

④ 将测试结果与表 5.4 中的逻辑状态对照。

（2）参照（1）完成下列各题的设计实验。

① 在一旅游胜地，有两辆缆车可供游客上下山，请设计一个控制缆车正常运行的逻辑电路。要求：缆车 A 和 B 在同一时刻只能允许一上一下的行驶，C 代表缆车的门，并且必须同时把缆车的门关好后才能行使。设输入为 A、B、C，输出为 F。（设缆车上行为 "1"，门关上

为"1"，允许行驶为"1"）

根据逻辑要求得到逻辑状态表，如表 5.5 所示。

表 5.5　控制缆车电路逻辑状态表

输　　入			输　　出
A	B	C	F
0	0	0	0
0	0	1	0
0	1	0	0
0	1	1	1
1	0	0	0
1	0	1	1
1	1	0	0
1	1	1	0

② 设计一个入场控制电路。学校礼堂举办新年晚会，规定男生持红票可以入场，女生持绿票可以入场。（设输入为 A、B、C，A = 0 表示男生，A = 1 表示女生，B = 1 表示持红票，C = 1 表示持绿票，输出为 F）

根据逻辑要求得到真值表，如表 5.6 所示。

表 5.6　入场控制电路逻辑状态表

输　　入			输　　出
A	B	C	F
0	0	0	0
0	0	1	0
0	1	0	1
0	1	1	1
1	0	0	0
1	0	1	1
1	1	0	0
1	1	1	1

③ 设计一个 1 位二进制全减器。根据逻辑要求得到真值表，如表 5.7 所示。

表 5.7　全减器逻辑状态表

输　　入			输　　出	
A_i	B_i	C_i	C_{i+1}	S_i
0	0	0	0	0
0	0	1	1	1
0	1	0	1	1
0	1	1	1	0
1	0	0	0	1
1	0	1	0	0
1	1	0	0	0
1	1	1	1	1

（3）设有 A、B、C 3 个输入信号通过排队逻辑电路分别由 3 路输出，在同一时间输出端

只能选择其中一个信号通过。如果同时有两个或两个以上信号输入时，选取的优先顺序为 A、B、C，试设计该排队电路。

根据逻辑要求得到真值表，如表 5.8 所示。

表 5.8　排队电路逻辑状态表

输　　入			输　　出		
A	B	C	F_A	F_B	F_C
0	0	0	0	0	0
0	0	1	0	0	1
0	1	0	0	1	0
0	1	1	0	1	0
1	0	0	1	0	0
1	0	1	1	0	0
1	1	0	1	0	0
1	1	1	1	0	0

5.1.8　实验思考题

（1）试用不同于图 5.1 的逻辑门电路实现半加器功能。

（2）试用异或门、与或非门和非门实现全加器电路。

（3）设计四人表决器电路：其中 A 同意得 2 分，其余三人 B、C、D 同意各得 1 分。总分大于或等于 3 分时通过，即 $F = 1$。

（4）设计一个血型配对指示器。

设计要求：设计一个血型配对指示器，当供血和受血血型不符合表 5.9 所列情况时，指示灯亮。

表 5.9　血型配对指示器逻辑状态表

供血血型	受血血型
A	A、AB
B	B、AB
AB	AB
O	A、B、AB、O

（5）设计一个信号灯的控制电路。

设计要求：有红、黄、绿 3 个信号灯，用来指示 3 台设备的工作情况。当 3 台设备都正常工作时，绿灯亮；当有 1 台设备发生故障时，黄灯亮；当有 2 台设备发生故障时，红灯亮；当 3 台设备同时发生故障时，红灯和黄灯都亮。

（6）设计一个通话控制电路：设 A、B、C、D 分别代表 4 对话路，正常工作时最多只允许 2 对同时通话，且 A 路和 B 路、C 路和 D 路不允许同时通话，试设计一个逻辑电路，用以指示不能正常工作的情况。

5.1.9　实验报告要求

（1）写出实验中所用到的芯片逻辑功能。

（2）分析题目写出分析过程，并根据分析结果写出测试过程。

（3）设计题目写出设计过程，并根据设计结果写出测试过程。

（4）分析实验结果，并对实验中出现的问题及解决的方法进行分析和总结。

（5）写出本次实验的感想和建议。

5.2　中规模组合逻辑电路分析与设计

5.2.1　仿真与实验的目的和意义

（1）熟悉译码器和数据选择器的逻辑功能。

（2）学习用译码器和数据选择器设计逻辑电路实现逻辑功能的方法。

（3）培养查找和排除数字电路常见故障的能力。

（4）通过仿真分析检验设计的正确性。

5.2.2　实验预习

（1）熟悉译码器和数据选择器的工作原理。

（2）完成实验逻辑电路的设计草图并完成仿真分析。

5.2.3　实验原理

1. 74138 译码器

（1）74138 译码器的逻辑功能。译码电路是数字电路中用得很多的一种多输入和多输出的组合逻辑电路。它的作用是把给定的代码进行"翻译"，变成特定的输出信号。实现译码功能的逻辑部件称为译码器（Decoder）。译码器的特点是对应于一组代码输入，有且仅有一个输出端为有效电平。

74138 为 3 线–8 线译码器，采用 16 引脚 DIP 封装。74138 的引脚图及逻辑符号图如图 5.12 所示，功能表如表 5.10 所示。

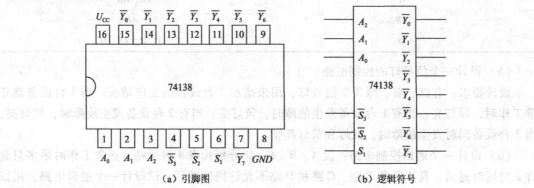

图 5.12　74138 的引脚图与逻辑符号图

表 5.10　74138 的功能表

输　　入					输　　出							
S_1	$\overline{S_2}+\overline{S_3}$	A_2	A_1	A_0	$\overline{Y_7}$	$\overline{Y_6}$	$\overline{Y_5}$	$\overline{Y_4}$	$\overline{Y_3}$	$\overline{Y_2}$	$\overline{Y_1}$	$\overline{Y_0}$
ϕ	1	ϕ	ϕ	ϕ	1	1	1	1	1	1	1	1
0	ϕ	ϕ	ϕ	ϕ	1	1	1	1	1	1	1	1
1	0	0	0	0	1	1	1	1	1	1	1	0
1	0	0	0	1	1	1	1	1	1	1	0	1
1	0	0	1	0	1	1	1	1	1	0	1	1
1	0	0	1	1	1	1	1	1	0	1	1	1
1	0	1	0	0	1	1	1	0	1	1	1	1
1	0	1	0	1	1	1	0	1	1	1	1	1
1	0	1	1	0	1	0	1	1	1	1	1	1
1	0	1	1	1	0	1	1	1	1	1	1	1

由功能表可以看出，74138 有 3 个输入端 $A_2\sim A_0$，8 个输出端 $\overline{Y_7}\sim\overline{Y_0}$，3 个使能输入端 S_1、$\overline{S_2}$ 和 $\overline{S_3}$。74138 是输出低电平有效的译码器。只有当 $S_1=1$，$\overline{S_2}=\overline{S_3}=0$ 时，译码器才处于工作状态，否则就禁止译码。

此外，这种带使能端的译码器也可直接作为数据分配器和脉冲分配器使用。

（2）74138 应用举例。某工厂有 A、B、C 三个车间和一个自备电站，站内有两台发电机 G_1 和 G_2。G_1 的容量是 G_2 的 2 倍。如果 1 个车间开工，只需 G_2 运行就可以满足要求；如果 2 个车间开工，只需 G_1 运行就可以满足要求；如果 3 个车间同时开工，则 G_1 和 G_2 均需运行。试用 74138 译码器外加与门实现此逻辑功能。

设 A、B、C 分别表示 3 个车间的开工状态：开工为 1，不开工为 0；G_1 和 G_2 运行为 1，不运行为 0。

按照题意列出逻辑状态表，如表 5.11 所示。

表 5.11　自备电站工作电路的逻辑状态表

输　　入			输　　出	
A	B	C	G_1	G_2
0	0	0	0	0
0	0	1	0	1
0	1	0	0	1
0	1	1	1	0
1	0	0	0	1
1	0	1	1	0
1	1	0	1	0
1	1	1	1	1

因需要外加与门实现，故由真值表列出逻辑表达式

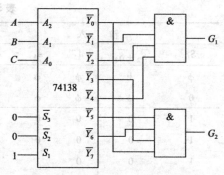

$$\begin{cases} G_1 = \overline{\overline{A}\,\overline{B}\,\overline{C}} + \overline{A}\overline{B}C + \overline{A}B\overline{C} + A\overline{B}\,\overline{C}} = \overline{\overline{Y}_0\overline{Y}_1\overline{Y}_2\overline{Y}_4} \\ G_2 = \overline{\overline{A}\,\overline{B}\,C + \overline{A}BC + A\overline{B}C + AB\overline{C}} = \overline{\overline{Y}_0\overline{Y}_3\overline{Y}_5\overline{Y}_6} \end{cases} \quad (5.5)$$

实现电路如图 5.13 所示。

图 5.13 自备电站工作的电路

2. 数据选择器

常用的数据选择器有二选一、四选一、八选一和十六选一等多种类型。数据选择器基本上由以下 3 部分组成，即数据选择控制（或称地址输入）、数据输入和数据输出。

（1）数据选择器的逻辑功能。

① 74153 数据选择器芯片。74153 是双四选一数据选择器，采用 16 引脚 DIP 封装。其引脚图及逻辑符号图如图 5.14 所示。引脚名称前面的数字代表组号，相同数字代表同一组数据选择器引脚。其中，$1D_3 \sim 1D_0$、$2D_3 \sim 2D_0$ 为数据输入端；$1Y$ 和 $2Y$ 为数据输出端；A_1 和 A_0 为地址选择码输入端；$1\overline{G}$ 和 $2\overline{G}$ 为选通使能端，低电平有效。功能表如表 5.12 所示。

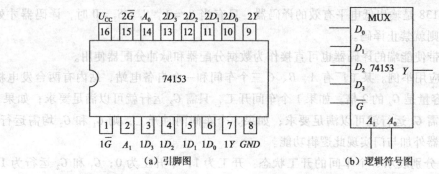

(a) 引脚图   (b) 逻辑符号图

图 5.14 74153 的引脚图与逻辑符号图

表 5.12 74153 的功能表

输	入		输 出
$\overline{G}$	A_1	A_0	Y
1	ϕ	ϕ	0
0	0	0	D_0
0	0	1	D_1
0	1	0	D_2
0	1	1	D_3

当 $\overline{G} = 1$ 时，$Y = 0$，禁止选择；当 $\overline{G} = 0$ 时，正常工作。

当 $\overline{G} = 0$ 时，74153 的逻辑表达式为

$$Y = D_0\overline{A}_1\overline{A}_0 + D_1\overline{A}_1 A_0 + D_2 A_1\overline{A}_0 + D_3 A_1 A_0 \quad (5.6)$$

② 74151 数据选择器芯片。74151 是八选一数据选择器，采用 16 引脚 DIP 封装。其引脚

图及逻辑符号图如图 5.15 所示。其中，$D_7 \sim D_0$ 为 8 路数据输入端；$A_2 \sim A_0$ 为地址选择码输入端；$\overline{G}$ 为选通使能端，低电平有效；Y 和 $\overline{Y}$ 为互补输出端。功能表如表 5.13 所示。

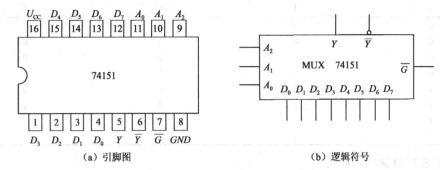

（a）引脚图 （b）逻辑符号

图 5.15 74151 的引脚图与逻辑符号图

表 5.13 八选一数据选择器 74151 的功能表

输 入				输 出	
使 能	地 址				
$\overline{G}$	A_2	A_1	A_0	Y	$\overline{Y}$
1	Φ	Φ	Φ	0	1
0	0	0	0	D_0	$\overline{D_0}$
0	0	0	1	D_1	$\overline{D_1}$
0	0	1	0	D_2	$\overline{D_2}$
0	0	1	1	D_3	$\overline{D_3}$
0	1	0	0	D_4	$\overline{D_4}$
0	1	0	1	D_5	$\overline{D_5}$
0	1	1	0	D_6	$\overline{D_6}$
0	1	1	1	D_7	$\overline{D_7}$

74151 的逻辑表达式为

$$Y = D_0\overline{A_2}\,\overline{A_1}\,\overline{A_0} + D_1\overline{A_2}\,\overline{A_1}A_0 + D_2\overline{A_2}A_1\overline{A_0} + D_3\overline{A_2}A_1A_0 + D_4A_2\overline{A_1}\,\overline{A_0} +$$
$$D_5A_2\overline{A_1}A_0 + D_6A_2A_1\overline{A_0} + D_7A_2A_1A_0 \tag{5.7}$$

数据选择器可以用来设计序列发生器。用数据选择器可以产生任意组合的逻辑函数，因而用数据选择器构成序列发生器方法简便，线路简单。

（2）数据选择器应用举例。设计一个监视交通灯工作状态的逻辑电路。每一组信号灯由红、黄、绿三盏灯组成。正常工作情况下，任何时刻必有一盏灯点亮，而且只允许有一盏灯点亮。而当出现多盏灯同时点亮状态时，电路发生故障，这时要求发出故障信号，以提醒工作人员前去维修。分别用数据选择器 74151 和 74153 实现。

首先根据题意进行逻辑抽象：取红、黄、绿 3 盏灯的状态为输入变量，分别用 R、Y、G 表示，并规定灯亮时为 1，不亮时为 0。取故障信号为输出变量，用 F 表示，并规定正常工作时 F 为 0，发生故障时 F 为 1。

根据题意列出逻辑状态表，如表 5.14 所示。

表5.14　监视交通灯工作状态电路的逻辑状态表

输　　入			输　出
R	Y	G	F
0	0	0	1
0	0	1	0
0	1	0	0
0	1	1	1
1	0	0	0
1	0	1	1
1	1	0	1
1	1	1	1

由功能表写出逻辑函数式

$$F = \overline{R}\,\overline{Y}\,\overline{G} + \overline{R}YG + R\overline{Y}G + RY\overline{G} + RYG \tag{5.8}$$

（1）用74151实现。因为 F 为三变量逻辑函数，所以选有3位地址输入的8选1数据选择器74151实现该函数比较方便。

将 F 写成含有全部最小项的逻辑函数表达式

$$F = \overline{R}\,\overline{Y}\,\overline{G}D_0 + \overline{R}\,\overline{Y}GD_1 + \overline{R}Y\overline{G}D_2 + \overline{R}YGD_3 + R\overline{Y}\,\overline{G}D_4 + R\overline{Y}GD_5 + RY\overline{G}D_6 + RYGD_7$$
$$= \overline{R}\,\overline{Y}\,\overline{G}\cdot1 + \overline{R}\,\overline{Y}G\cdot0 + \overline{R}Y\overline{G}\cdot0 + \overline{R}YG\cdot1 + R\overline{Y}\,\overline{G}\cdot0 + R\overline{Y}G\cdot1 + RY\overline{G}\cdot1 + RYG\cdot1 \tag{5.9}$$

所以，得出 $D_0 = D_3 = D_5 = D_6 = D_7 = 1$，$D_1 = D_2 = D_4 = 0$。由此，画出实现电路，如图5.16所示。

（2）用74153实现。74153有2位地址输入端，用其实现三变量逻辑函数 F，需要对逻辑函数 F 进行适当转换

$$F = \overline{R}\,\overline{Y}\,\overline{G} + \overline{R}YG + R\overline{Y}G + RY\overline{G} + RYG$$
$$= \overline{R}\,\overline{Y}\cdot\overline{G} + \overline{R}Y\cdot G + R\overline{Y}\cdot G + RY\cdot(G+\overline{G}) \tag{5.10}$$

并与四选一的逻辑表达式进行比较，地址选择码选取 $A_1A_0 = RY$，数据输入分别为 $D_0 = \overline{G}$，$D_1 = D_2 = G$，$D_3 = 1$。由此，画出实现电路，如图5.17所示。

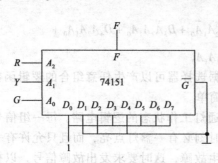

图5.16　监视交通灯工作状态的电路

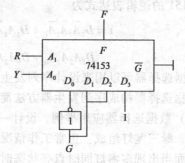

图5.17　监视交通灯工作状态的电路

5.2.4　仿真分析

1. 自备电站电路仿真分析

参照图5.13画出自备电站电路的 Proteus 仿真电路图，如图5.18所示。

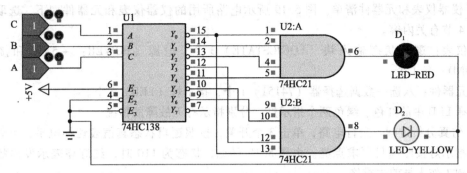

图 5.18　自备电站电路 Proteus 仿真图

（1）仪器仪表和元器件清单。图 5.18 所示电路所用的仪器仪表和元器件如下，选取方法参见 2.3.2 和 2.4.3 节有关内容。

① 仪器仪表：逻辑状态（LOGICSTATE）3 个、端口电源（POWER：+5V）和接地端（GROUND）各 1 个。

② 元器件：3 线-8 线译码器（74HC138）1 个、指示灯（LED）2 个和四输入与门（74HC21）2 个。

本例选择译码器芯片 74HC138，在 Proteus 中 74138 一共有 12 个芯片，但是前面几个都是 No Simulator Model 不能仿真，所以本例选择 74HC138。

输入信号采用逻辑状态 LOGICSTATE。在元器件选择界面的 Keywords 中输入 LOGIC-STATE，即可找到输入信号。

指示灯选择 LED 中的红色、黄色两个指示灯，用于指示自备电站运行状况。

（2）仿真分析过程。运行电路，单击 3 个开关，按照逻辑状态表切换电平，可以看到电路中指示灯按照题目要求点亮。由图 5.18 可见，状态为 111 时，出现红灯和黄灯都亮的运行结果。

2. 监视交通灯工作状态的电路

（1）用八选一数据选择器 74151 实现。参照图 5.16 画出监视交通灯工作状态电路的 Proteus 仿真电路图，如图 5.19 所示。

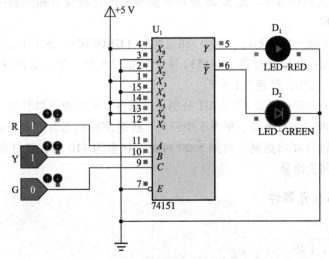

图 5.19　监视交通灯工作状态的仿真电路

① 仪器仪表和元器件清单。图 5.19 所示电路所用的仪器仪表和元器件如下，选取方法参见 2.4 节有关内容。

●仪表：逻辑状态输入块（LOGICSTATE）3 个、电源（POWER：+5V）和接地端（GROUND）各 1 个。

●元器件：八选一数据选择器（74151）1 个，指示灯（LED）2 个。

选择 LED 中的红色、绿色两个指示灯，分别指示有无故障的情况。

② 仿真分析过程。运行电路，单击 3 个开关，按照逻辑状态真值表切换电平，可以看到电路中指示灯按照题目要求点亮。由图 5.19 可见，状态为 110 时，红灯亮表示发出故障信号，提醒工作人员前去维修。

（2）用四选一数据选择器 74153 实现。参照图 5.17 画出监视交通灯工作状态电路的 Proteus 仿真电路图，如图 5.20 所示。

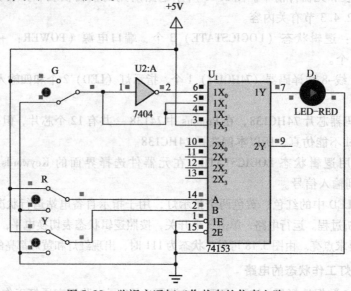

图 5.20　监视交通灯工作状态的仿真电路

① 仪器仪表和元器件清单。图 5.20 所示电路所用的仪器仪表和元器件如下，选取方法参见 2.4 节有关内容。

●仪器仪表：电源（POWER：+5V）和接地端（GROUND）各 1 个。

●元器件：四选一数据选择器（74153）1 个、非门 1 个、单刀双掷开关（SW-SPDT）3 个和指示灯（LED，红色）1 个。

输入信号采用单刀双掷开关 SW-SPDT 分别接高低电平来实现逻辑状态。

② 仿真分析过程。运行电路，单击 3 个开关，按照逻辑状态真值表切换电平，可以看到电路中指示灯按照题目要求点亮。由图 5.20 可见，状态为 110 时，红灯亮表示发出故障信号，提醒工作人员前去维修。

5.2.5　实验仪器和元器件

（1）实验仪器：

① 数字万用表：1 块。

② 数字电路实验板（插芯片及元器件用）：1 块。

（2）实验所需元器件。74 系列芯片：74138、74151、74153、74 系列逻辑门芯片。

5.2.6　实验注意事项

（1）检查电路图接线是否正确，重点检查电源的接法是否正确。

（2）注意使能端的正确连接。

（3）如运行结果不正确，用万用表检测各逻辑门电平，是否出现低电平不低、高电平不高的现象导致电路逻辑功能错误。

5.2.7　实验内容

1. 芯片功能测试

（1）测试 3 线–8 线译码器 74138 的逻辑功能。

① 按照引脚图 5.12 接线，先接好电源和地，输入端和使能端均接逻辑电平，输出端接指示灯，改变输入端和使能端的状态，观察灯的亮灭变化。

② 对照功能表 5.10 逐一进行功能测试。

（2）测试双四选一数据选择器 74153 的逻辑功能。

① 按照引脚图 5.14 接线，先接好电源和地，输入端和使能端均接逻辑电平，输出端接指示灯，改变输入端和使能端的状态，观察灯的亮灭变化。

② 对照功能表 5.12 逐一进行功能测试。

（3）测试八选一数据选择器 74151 的逻辑功能。

① 按照引脚图 5.15 接线，先接好电源和地，输入端和使能端均接逻辑电平，输出端接指示灯，改变输入端和使能端的状态，观察灯的亮灭变化。

② 对照功能表 5.13 逐一进行功能测试。

2. 设计实例

（1）用译码器 74138 设计自备电站控制电路，具体要求见实验原理。

① 完成组合逻辑电路的设计，确定所需要的芯片。

② 对实验中要用到的芯片进行功能测试。

③ 根据预习中所得到的逻辑电路图 5.13 进行电路连接。

④ 将测试结果与表 5.11 中的数据进行对照。

（2）参照（1）完成下列各题的设计实验。

① 用数据选择器设计监视交通灯工作状态的电路，具体要求见实验原理。将测试结果与表 5.14 中的数据进行对照。

② 某超市举行一次促销活动，只要顾客拿着购物发票，就可以参加这项活动。顾客只要向自动售货机投入不少于 2 元 5 角的硬币，自动售货机就会自动送出价值 20 元的赠品，但售货机只能识别 1 元和 5 角的 2 种硬币，并且每次最多只能投放 3 枚硬币，但不找零。如果投放的硬币不足 2 元 5 角，则不送出赠品，也不退回硬币。用 3 线–8 线译码器 74138 实现。（设 A、B、C 为输入变量，"0" 为 5 角，"1" 为 1 元，F 为输出变量，"0" 为不送赠品，"1" 为送出赠品）

根据逻辑要求得到真值表，如表 5.15 所示。

表 5.15   组合逻辑函数逻辑状态表

输　入			输　出
A	B	C	
0	0	0	0
0	0	1	0
0	1	0	0
0	1	1	1
1	0	0	1
1	0	1	1
1	1	0	1
1	1	1	1

③ 设计一个含 3 台设备工作的故障显示器。要求如下：都正常工作时，绿灯亮；仅 1 台设备发生故障时，黄灯亮；2 台或 2 台以上设备同时发生故障时，红灯亮。设 3 台设备分别为变量 A、B、C；设绿灯、黄灯、红灯分别为函数 $F_绿$、$F_黄$、$F_红$，且令设备有故障时，变量为 1，反之为 0；令灯亮时函数为 1，反之为 0。

根据逻辑要求得到逻辑状态表，如表 5.16 所示。

表 5.16   故障显示器电路逻辑状态表

输　入			输　出		
A	B	C	$F_绿$	$F_黄$	$F_红$
0	0	0	1	0	0
0	0	1	0	1	0
0	1	0	0	1	0
0	1	1	0	0	1
1	0	0	0	1	0
1	0	1	0	0	1
1	1	0	0	0	1
1	1	1	0	0	1

④ 医院某科室有 3 间病房，各个房间按患者病情程度分类。1 号病房患者病情最重，3 号病房患者病情最轻。试分别用数据选择器 74153 和 74151 设计呼叫装置，要求按患者病情严重程度呼叫医生，当 2 个或 2 个以上患者同时呼叫时，只显示病情最重的患者的呼叫。

根据逻辑要求得到逻辑状态表，如表 5.17 所示。

表 5.17   呼叫装置电路逻辑状态表

输　入			输　出		
A	B	C	F_1	F_2	F_3
0	0	0	0	0	0
0	0	1	0	0	1
0	1	0	0	1	0
0	1	1	0	1	0
1	0	0	1	0	0
1	0	1	1	0	0
1	1	0	1	0	0
1	1	1	1	0	0

⑤ 有一个火灾报警系统，设有感烟、感温和感光火灾探测器。为了防止误报警，只有当

2 种或 2 种以上类型的探测器发出火灾探测信号时，报警系统才产生报警控制信号，试分别用数据选择器 74153 和 74151 设计产生报警控制信号的电路。

根据逻辑要求得到逻辑状态表，如表 5.18 所示。

表 5.18　火灾报警系统电路逻辑状态表

输　入			输　出
A	B	C	F
0	0	0	0
0	0	1	0
0	1	0	0
0	1	1	1
1	0	0	0
1	0	1	1
1	1	0	1
1	1	1	1

5.2.8　实验思考题

（1）用 74138 设计一个水坝水位报警显示电路。

设计要求：水位高度用 3 位二进制数提供。当水位低于 5 m 时绿灯亮，水位上升到 5 m 时绿灯黄灯亮，水位上升到 6 m 时红灯黄灯亮，水位上升到 7 m 时只有红灯亮。

（2）设 A、B、C 为密码锁的 3 个按键，当 A 键单独按下时，锁打不开也不报警；当 A、B 或 A、B、C 或 A、C 分别同时按下时锁可以打开；不符合上述条件，发出报警信息。试用 74138 设计实现此密码锁功能的组合逻辑电路。

（3）试用双四选一数据选择器 74153 和适当逻辑门扩展为八选一数据选择器。

（4）设计用 3 个开关控制一个电灯的逻辑电路，要求改变任何一个开关的状态都能控制电灯由亮变灭或者由灭变亮。要求用数据选择器来实现。

5.2.9　实验报告要求

（1）写出实验中所用到的芯片逻辑功能。

（2）画出实现题目的逻辑电路图，写出设计全过程，并附仿真结果。

（3）分析实验结果，并对实验中出现的问题及解决的方法进行分析和总结。

（4）写出本次实验的感想和建议。

5.3　触发器性能的仿真与实验

5.3.1　仿真与实验的目的和意义

（1）掌握基本 RS 触发器、D 触发器和 JK 触发器的工作原理。

（2）学会正确使用基本 RS 触发器、D 触发器和 JK 触发器。

（3）熟悉触发器相互转换的方法。

（4）熟悉用触发器构成简单时序逻辑电路的方法。

（5）通过仿真分析检验设计的正确性。

5.3.2 实验预习

（1）复习触发器的工作原理。

（2）复习 *RS* 触发器、*D* 触发器和 *JK* 触发器的逻辑功能和触发方式。

（3）熟悉本实验所用门电路及触发器芯片的型号及引脚排列。

（4）完成实验中涉及的由触发器构成的时序逻辑电路的分析，并进行仿真分析。

5.3.3 实验原理

1. 集成触发器的基本类型及逻辑功能

触发器是时序逻辑电路的基本逻辑单元，是一种具有记忆功能的逻辑元器件，一个触发器能存储一位二进制信号。按照电路结构的不同，触发器可分为 *RS* 触发器、*JK* 触发器、*T* 触发器和 *D* 触发器等几种类型。

（1）集成 *JK* 触发器 74112。74112 是典型的边沿触发的双 *JK* 触发器。引脚图如图 5.21 所示，第 16 脚接电源，第 8 脚接地。引脚名称前面的数字代表组号，相同号码的代表同一组 *JK* 触发器的引脚。其中，第 4 和 10 脚分别为两个触发器的异步置位端 $\overline{S}_\text{D}$，第 14 和 15 脚分别为两个触发器的异步复位端 $\overline{R}_\text{D}$，它们不受 *CP* 时钟的控制，且低电平有效。触发器正常工作时，$\overline{S}_\text{D}$ 和 $\overline{R}_\text{D}$ 引脚应接高电平。其功能表如表 5.19 所示。

图 5.21　74112 的引脚图

表 5.19　74112 型双 *JK* 触发器功能表

输　　入					输　　出	
$\overline{S}_\text{D}$	$\overline{R}_\text{D}$	*CP*	*J*	*K*	Q^{n+1}	$\overline{Q}^{n+1}$
0	1	Φ	Φ	Φ	1	0
1	0	Φ	Φ	Φ	0	1
0	0	Φ	Φ	Φ	不定态	不定态
1	1	$\downarrow$	0	0	Q^n	$\overline{Q}^n$
1	1	$\downarrow$	1	0	1	0
1	1	$\downarrow$	0	1	0	1
1	1	$\downarrow$	1	1	$\overline{Q}^n$	Q^n

（2）集成 *D* 触发器 7474。

7474 是一种比较常用的双 *D* 触发器，是上升沿触发的边沿触发器。引脚图如图 5.22 所示，第 14 脚接电源，第 7 脚接地。引脚名称前面的数字代表组号，相同号码代表同一组 *D* 触发器的引脚。其中，第 4 和 10 脚分别是两个触发器的异步置位端 $\overline{S}_\text{D}$，第 1 和 13 脚分别是两个触发器的异步复位端 $\overline{R}_\text{D}$。它们不受时钟 *CP* 的控制，且都是低电平有效。触发器正常工作时，$\overline{S}_\text{D}$ 和 $\overline{R}_\text{D}$ 引脚应接高电平。其功能表如表 5.20 所示。

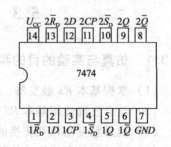

图 5.22　双 *D* 触发器 7474 引脚图

表 5.20 7474 型双 *D* 触发器功能表

输 入				输 出	
$\overline{S}_D$	$\overline{R}_D$	*CP*	*D*	Q^{n+1}	$\overline{Q}^{n+1}$
0	1	Φ	Φ	1	0
1	0	Φ	Φ	0	1
0	0	Φ	Φ	不定态	不定态
1	1	$\uparrow$	1	1	0
1	1	$\uparrow$	0	0	1

2. 触发器级同步时序逻辑电路的分析

（1）同步时序逻辑电路的分析步骤。

① 根据给定的电路，列出驱动方程组。

② 将得到的驱动方程代入相应触发器的特征方程，得出触发器的状态方程组。

③ 如果电路有输出端，列出输出方程组。

④ 由状态方程和输出方程列出状态表，画出工作波形或者状态转换图。

⑤ 确定电路的逻辑功能。

（2）分析实例

分析图 5.23 所示电路的逻辑功能。

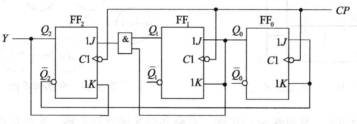

图 5.23 同步时序逻辑电路的分析实例电路图

① 列出驱动方程组：

$$J_0 = K_0 = \overline{Q}_2, J_1 = K_1 = Q_0, J_2 = Q_1 Q_0, K_2 = Q_2 \tag{5.11}$$

② 列出状态方程组：

将驱动方程代入 JK 触发器的特征方程 $Q^{n+1} = J\overline{Q}^n + \overline{K}Q^n$ 中，可得状态方程

$$\begin{cases} Q_0^{n+1} = \overline{Q}_2^n \overline{Q}_0^n + Q_2^n Q_0^n = Q_2^n \odot Q_0^n \\ Q_1^{n+1} = Q_0^n \overline{Q}_1^n + \overline{Q}_0^n Q_1^n = Q_0^n \oplus Q_1^n \\ Q_2^{n+1} = Q_1^n Q_0^n \overline{Q}_2^n + \overline{Q}_2^n Q_2^n = Q_1^n Q_0^n \overline{Q}_2^n \end{cases} \tag{5.12}$$

③ 列出输出方程

$$Y = Q_2^n \tag{5.13}$$

④ 列出状态转换表、画出波形图和状态转换图。将初态 $Q_2 Q_1 Q_0 = 000$ 代入状态方程，依次迭代可得状态转换表，如表 5.21 所示。

表 5.21　状态转换表

计数顺序	电路状态			等效十进制数	输出 Y
	Q_2	Q_1	Q_0		
0	0	0	0	0	0
1	0	0	1	1	0
2	0	1	0	2	0
3	0	1	1	3	0
4	1	0	0	4	1
5	1	0	1	5	1
6	1	1	0	6	1
7	1	1	1	7	1

进而得到工作波形图和状态转换图，分别如图 5.24 和图 5.25 所示。

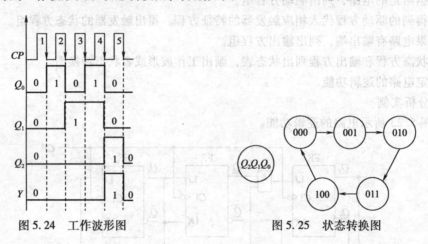

图 5.24　工作波形图　　　　　　　图 5.25　状态转换图

⑤ 确定逻辑功能。从步骤④ 中可知，电路共有 5 种状态循环，并且是 000～100 递增顺序。故该电路是同步五进制加法计数器。其中，Y 是进位输出端，当输出大于等于 100 时 $Y = 1$。

3. 异步时序电路的分析

（1）异步时序电路的分析步骤。异步时序电路的分析步骤与同步时序电路基本相同，区别在于异步时序电路在电路状态转换时需要确定哪些触发器有时钟信号，哪些触发器没有时钟信号。如果有，则需要用其特征方程计算次态；如果没有，则保持原态不变。

（2）分析图 5.26 所示异步时序电路的逻辑功能。

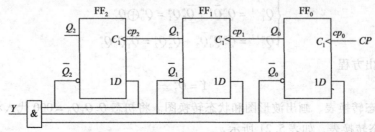

图 5.26　异步时序逻辑电路的分析实例

① 列出驱动方程组：

$$D_0 = \overline{Q}_0, D_1 = \overline{Q}_1, D_2 = \overline{Q}_2 \tag{5.14}$$

② 列出状态方程组：

将驱动方程代入 D 触发器的特征方程 $Q^{n+1} = D$ 中，可得状态方程组：

$$Q_0^{n+1} = \overline{Q}_0^n \cdot cp_0, Q_1^{n+1} = \overline{Q}_1^n \cdot cp_1, Q_2^{n+1} = \overline{Q}_2^n \cdot cp_2 \tag{5.15}$$

D 触发器为上升沿触发，后两个触发器的触发信号与 CP 脉冲不同步，分析时需要注意。

③ 列出输出方程：

$$Y = \overline{Q}_2^n \overline{Q}_1^n \overline{Q}_0^n \tag{5.16}$$

④ 列出状态转换表、画出波形图和状态转换图。

设初态 $Q_2 Q_1 Q_0 = 000$。对于本例中 $cp_0 = CP \uparrow$，首先将 cp_0 的值填入表中，然后在状态转换表中写出在时钟 CP 连续作用下的 Q_0 的对应值。而 $cp_1 = Q_0 \uparrow$，说明当 Q_0 从 0 变 1 或 $\overline{Q}_0$ 从 1 变 0 时产生 cp_1，即 $cp_1 = 1$。将 cp_1 的值填入表中，再根据特征方程写出 Q_1 的对应值。最后 $cp_2 = Q_1 \uparrow$，说明当 Q_1 从 0 变 1 或 $\overline{Q}_1$ 从 1 变 0 时产生 cp_2，即 $cp_2 = 1$。将 cp_2 的值填入表中，再根据特征方程写出 Q_2 的对应值。状态转换表如表 5.22 所示，而工作波形图和状态转换图分别如图 5.27 和图 5.28 所示。

表 5.22 状态转换表

计数顺序	时钟信号			电路状态			输　出 Y
	cp_2	cp_1	cp_0	Q_2	Q_1	Q_0	
0	0	0	0	0	0	0	1
1	1	1	1	1	1	1	0
2	0	0	1	1	1	0	0
3	0	1	1	1	0	1	0
4	0	0	1	1	0	0	0
5	1	1	1	0	1	1	0
6	0	0	1	0	1	0	0
7	0	1	1	0	0	1	0

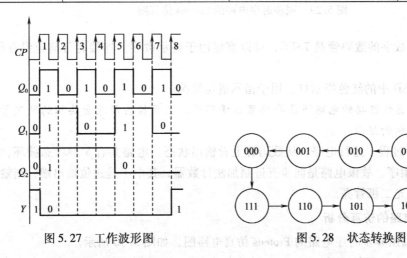

图 5.27 工作波形图

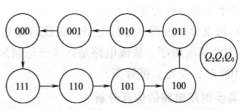

图 5.28 状态转换图

⑤ 确定逻辑功能。从步骤④ 中可知，电路共有 8 种状态循环，并且是 111 ~ 000 递减顺序。故该电路是异步八进制减法计数器，其中 Y 是借位端，当状态为 000 时 $Y=1$。

5.3.4 仿真分析

1. 同步时序电路的仿真分析。

参照图 5.23 画出同步时序电路的 Proteus 仿真电路图如图 5.29 所示。

（1）仪器仪表和元器件清单。图 5.29 所示电路所用的仪器仪表和元器件如下，选取方法参见 2.3.2 和 2.4.3 节有关内容。

① 仪器仪表：数字时钟信号发生器（DCLOCK）、端口电源（POWER：+5V）和接地端各 1 个。

② 元器件：JK 触发器（74HC112）3 个、数码管（7SEG）1 个、指示灯（LED）1 个、两输入与门（7408）1 个和三输入与门（7411）1 个。

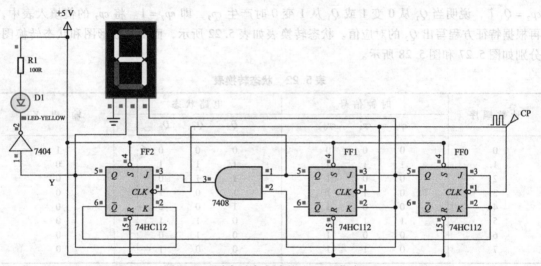

图 5.29　同步时序电路的 Proteus 仿真图

输出选用显示数字的数码管是 7SEG，可以直接用于显示数字。连接时最高位没有信号，应该接低电平。

指示灯选择 LED 中的红色指示灯，用于指示进位情况。

注意： 实际元器件连接的电路还是要接显示译码器，然后接共阴或者共阳的数码管，此处只是用于仿真分析的显示。

（2）仿真分析过程。运行电路，从数码管上看输出状态，电路共有 5 种状态循环，并且是 000 ~ 100 递增顺序。故该电路是同步五进制加法计数器，其中 Y 是进位输出端，当输出大于等于 100 时，发光二极管亮。

2. 异步时序电路的仿真分析

参照图 5.26 画出异步时序电路的 Proteus 仿真电路图，如图 5.30 所示。

（1）仪器仪表和元器件清单。图 5.30 所示电路所用的仪器仪表和元器件如下，选取方法参见 2.3.2 和 2.4.3 节有关内容。

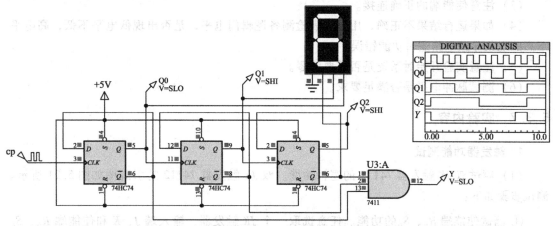

图 5.30 异步时序电路的 Proteus 仿真图

① 仪器仪表：数字时钟信号发生器（DCLOCK）、电压探针（Probe）4 个、数字分析图表（DIGITAL）、端口电源（POWER：+5V）和接地端各 1 个。

② 元器件：D 触发器（74HC74）3 个、数码管（7SEG）1 个和三输入与门（7411）1 个。

（2）仿真分析过程。运行电路，从逻辑状态分析曲线上看到电路共有 8 种状态循环，并且是 111～000 递减顺序。故该电路是异步八进制减法计数器，其中 Y 是借位端，当状态为 000 时 $Y = 1$。运行结果如图 5.31 所示。

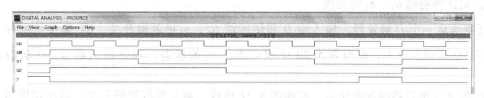

图 5.31 异步时序电路的运行结果

5.3.5 实验仪器和元器件

（1）实验仪器。

① 数字万用表：1 块。

② 数字电路实验板（插芯片及元器件用）：1 块。

（2）实验所需元器件。

① 双 D 触发器：2 片。

② 双 JK 触发器：2 片。

③ 二输入与非门：1 片。

5.3.6 实验注意事项

（1）测试双 JK 触发器的逻辑功能时 $\overline{S}_\mathrm{D}$ 和 $\overline{R}_\mathrm{D}$ 不能悬空，应接在高电平上。

（2）确定所有逻辑门功能正常。

（3）注意使能端的正确连接。

（4）如果运行结果不正确，用万用表检测各逻辑门电平，是否出现低电平不低，高电平不高的现象导致电路逻辑功能错误。

（5）注意实验开始时系统是否需要清零。

（6）测试脉冲电平是否满足要求。

5.3.7　实验内容

1. 触发器功能测试

（1）测试双 JK 触发器 74112 的逻辑功能。双 JK 触发器 74112 的引脚图如图 5.21 所示。测试步骤如下：

① 测试使能端 $\overline{R}_\mathrm{D}$、$\overline{S}_\mathrm{D}$ 的功能。任意选取一个 JK 触发器，输入端 J、K 和使能端 $\overline{R}_\mathrm{D}$、$\overline{S}_\mathrm{D}$ 接逻辑开关，CP 端接单脉冲，输出端 Q、$\overline{Q}$ 接指示灯，按照表 5.19 中改变 $\overline{R}_\mathrm{D}$、$\overline{S}_\mathrm{D}$ 的状态，观察输出端 Q、$\overline{Q}$ 状态是否正确。

② 测试 JK 触发器的逻辑功能。按照图 5.21 接线。输入端接逻辑开关，输出端接指示灯 $\overline{R}_\mathrm{D}$、$\overline{S}_\mathrm{D}$ 接高电平。改变 J、K 的电平，观察输出端 Q、$\overline{Q}$ 状态是否正确。

（2）测试双 D 触发器 7474 的逻辑功能。双 D 触发器 7474 参考电路图如图 5.22 所示。测试步骤如下：

① 测试使能端 $\overline{R}_\mathrm{D}$、$\overline{S}_\mathrm{D}$ 的功能。

任意选取一个 D 触发器，输入端 D 和使能端 $\overline{R}_\mathrm{D}$、$\overline{S}_\mathrm{D}$ 接逻辑开关，CP 端接单脉冲，输出端 Q、$\overline{Q}$ 接指示电平，按照表 5.20 中改变 $\overline{R}_\mathrm{D}$、$\overline{S}_\mathrm{D}$ 的状态，观察输出端 Q、$\overline{Q}$ 状态是否正确。

② 测试 D 触发器的逻辑功能。按照图 5.22 接线，输入端接逻辑开关，输出端接指示灯 $\overline{R}_\mathrm{D}$、$\overline{S}_\mathrm{D}$ 接高电平。改变 D 的电平，观测 Q、$\overline{Q}$ 状态是否正确。

③ 将 D 触发器的 $\overline{Q}$ 端与 D 端相连接，构成 T' 触发器。测试其逻辑功能是否正确。

2. 触发器电路分析及功能测试

参照图 5.23 所示的电路，按下列步骤分析测试电路的功能。

（1）由逻辑电路图，对实验中要用到的芯片进行功能测试。

（2）按照图 5.23 的电路图进行电路连接。

（3）测试输出端状态，分析逻辑功能。

3. 完成如下时序电路的分析

（1）分析图 5.26 所示异步时序逻辑电路的逻辑功能。

（2）分析图 5.32 所示同步时序电路的逻辑功能。

（3）分析图 5.33 所示异步时序逻辑电路的逻辑功能。

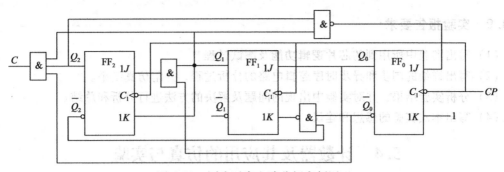

图 5.32　同步时序电路分析实例图一

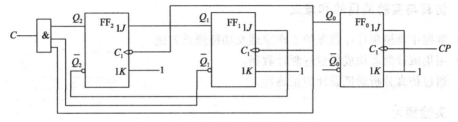

图 5.33　异步时序电路分析实例图一

5.3.8　实验思考题

（1）设计用 D 触发器转换成 JK、T 和 T' 触发器的转换电路。

（2）设计用 JK 触发器转换成 D、T 和 T' 触发器的转换电路。

（3）如图 5.34 所示电路，试分析该同步电路的逻辑功能。

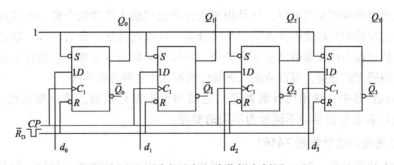

图 5.34　同步时序电路分析实例图二

（4）分析图 5.35 中所示时序逻辑电路的逻辑功能，设初始状态为 0 态。

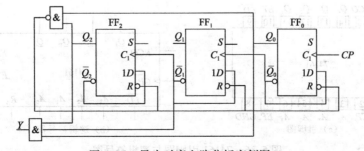

图 5.35　异步时序电路分析实例图二

5.3.9 实验报告要求

（1）写出实验中所用到的芯片逻辑功能及测试过程。

（2）写出详细的同步和异步时序逻辑电路的分析过程，并附仿真结果。

（3）分析实验结果，并对实验中出现的问题及解决的方法进行分析和总结。

（4）写出本次实验的感想和建议。

5.4 计数器及其应用的仿真与实验

5.4.1 仿真与实验的目的和意义

（1）掌握中规模集成计数器的工作原理及功能测试方法。

（2）用集成计数器构成任意进制计数器。

（3）通过仿真分析验证设计的正确性。

5.4.2 实验预习

（1）复习计数器电路的工作原理。

（2）预习中规模集成计数器 74161 的逻辑功能及使用方法。

（3）预习中规模集成计数器 74192 的逻辑功能及使用方法。

（4）根据实验中设计题目的功能要求完成设计草图，并进行仿真分析。

5.4.3 实验原理

计数器是典型的时序逻辑电路，它是用来累计和记忆输入脉冲的个数。集成计数器的种类繁多，如果按计数器中的触发器是否同时翻转分类，可以把计数器分为同步计数器和异步计数器；如果按计数过程中计数器数字量增减分类，可以分为加法计数器和减法计数器；如果按计数器中数字的编码方式分类，可以分成二进制计数器和十进制计数器等。

在数字集成产品中，通用的计数器是二进制和十进制计数器。按计数长度、有效时钟、控制信号、置位和复位信号的不同分为不同的型号。

1. 四位二进制加法计数器 74161

（1）74161 功能介绍。74161 是一种常用的 4 位二进制同步加法计数器。74161 引脚图及逻辑符号如图 5.36 所示。74161 采用 DIP16 封装，引脚分为三类，即输入引脚、输出引脚及与电源有关引脚。功能表如表 5.23 所示。

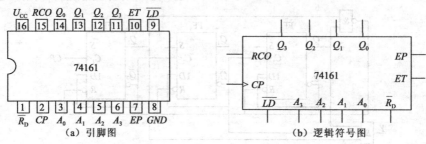

图 5.36 74161 引脚图与逻辑符号图

表 5.23　74161 型 4 位同步二进制计数器的功能表

输　　　　入									输　　　出			
$\overline{R_D}$	CP	$\overline{LD}$	EP	ET	A_3	A_2	A_1	A_0	Q_3	Q_2	Q_1	Q_0
0	Φ	Φ	Φ	Φ		Φ			0	0	0	0
1	↑	0	Φ	Φ	d_3	d_2	d_1	d_0	d_3	d_2	d_1	d_0
1	↑	1	1	1		Φ			计数			
1	Φ	1	0	Φ		Φ			保持			
1	Φ	1	Φ	0		Φ			保持			

（2）74161 的应用实例。用 74161 设计一个八进制同步加法计数器来介绍 74161 常用的两种方法。

八进制计数器，即 $M=8$，应该有 8 个稳定状态，而 74161 本身有 16 个稳定状态，只要任选其中连续的 8 个状态，就可以构成八进制计数器。设初始状态 $Q_3Q_2Q_1Q_0=0000$，本例选择前 8 个稳定状态 0000~0111 构成八进制计数器，即每当计数器计到 $Q_3Q_2Q_1Q_0=0111$ 时，下一个 CP 脉冲的上升沿到来，输出 $Q_3Q_2Q_1Q_0=0000$。八进制加法计数器状态转换表如表 5.24 所示。

表 5.24　八进制加法计数器状态转换表

计数顺序 CP	进位输出 RCO	计数值输出			
		Q_3	Q_2	Q_1	Q_0
0	0	0	0	0	0
1	0	0	0	0	1
2	0	0	0	1	0
3	0	0	0	1	1
4	0	0	1	0	0
5	0	0	1	0	1
6	0	0	1	1	0
7	0	0	1	1	1

八进制加法计数器状态转换图和工作波形图分别如图 5.37 和图 5.38 所示。

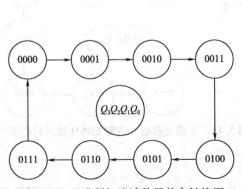

图 5.37　八进制加法计数器状态转换图

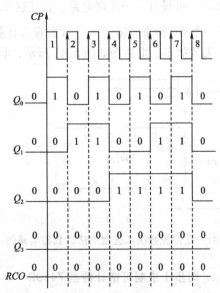

图 5.38　八进制加法计数器的工作波形图

由分析可知，只要输出端 $Q_3Q_2Q_1Q_0$ 计到 0111，下一个 CP 上升沿时，$Q_3Q_2Q_1Q_0$ 回到 0000 即可。如何让计数器由 0111 状态回到 0000 状态？常用的方法有两种：反馈清零法和反馈置数法。

① 反馈清零法。反馈清零法适用于有清零端的计数器。由 74161 引脚图和功能表可知，$\overline{R}_D$ 为异步清零控制端，低电平有效，且优先级别最高。

设计原理：由图 5.39 可知八进制计数器计到 0111 状态，下一个状态回 0000，跳过其余状态。由于 74161 计数器 0111 状态的下一个状态为 1000，可设计一个反馈电路，让其遇 1000 输出一个低电平，反馈电路输出端连接到异步清零端 $\overline{R}_D$，于是每当计数器计到 1000 时，反馈电路输出低电平，计数器瞬间清零。此时 $\overline{LD}$ 必须接高电平。电路图如图 5.39 所示，状态图如图 5.40 所示。

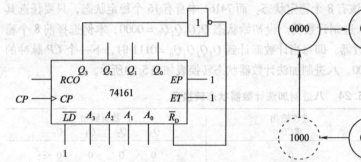

图 5.39　反馈清零法八进制加法计数器电路图　　图 5.40　反馈清零法八进制加法计数器状态图

② 反馈置数法。反馈置数法适用于有预置数值功能的计数器。

由 74161 引脚图和功能表可知，$\overline{LD}$ 为同步置数控制端，低电平有效，优先级别低于 $\overline{R}_D$ 端。

设计原理：由于 $\overline{LD}$ 为同步置数控制端，当 $\overline{LD}=0$ 时并不能马上置数，必须等待下一个 CP 上升沿到来时才能将要置入的数据置入计数器。八进制计数器计到 0111 状态时，下一个状态回 0000，可设计一个反馈电路，让其遇 0111 输出一个低电平，该输出端连接到同步置数端，在下一个 CP 到来时将 $A_3 \sim A_0$ 数据置入计数器 $Q_3Q_2Q_1Q_0$。此时 $\overline{R}_D$ 必须接高电平，处于"清零"无效状态。电路图如图 5.41 所示，状态图如图 5.42 所示。

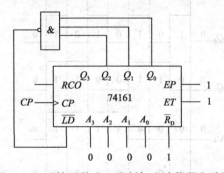
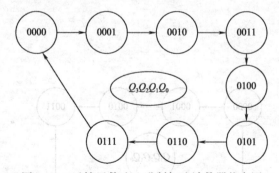

图 5.41　反馈置数法八进制加法计数器电路图　　图 5.42　反馈置数法八进制加法计数器状态图

2. 同步十进制可逆计数器 74192

（1）74192 功能介绍。74192 是一种常用的十进制同步可逆计数器。74192 引脚图及逻辑符号如图 5.43 所示。74192 采用 DIP16 封装，引脚分为三类，即输入引脚、输出引脚及与电源有关的引脚。

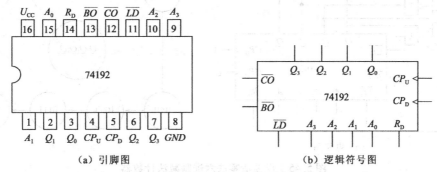

（a）引脚图　　　　　　　　　　　（b）逻辑符号图

图 5.43　74192 引脚图与逻辑符号图

74192 的逻辑功能表如表 5.25 所示。

表 5.25　74192 的逻辑功能表

输　　入								输　　出			
R_D	$\overline{LD}$	CP_U	CP_D	A_3	A_2	A_1	A_0	Q_3	Q_2	Q_1	Q_0
0	0	Φ	Φ	d_3	d_2	d_1	d_0	d_3	d_2	d_1	d_0
0	1	↑	1	Φ	Φ	Φ	Φ	加法计数			
0	1	1	↑	Φ	Φ	Φ	Φ	减法计数			
0	1	1	1	Φ	Φ	Φ	Φ	保持			
1	Φ	Φ	Φ	Φ	Φ	Φ	Φ	0	0	0	0

（2）74192 的应用举例。

① 用 74192 设计一个五进制加法计数器。五进制计数器，即 $M=5$，应该有 5 个稳定状态，而 74192 本身有 10 个稳定状态，只要任选其中连续的 5 个状态，就可以构成五进制计数器。设初始状态 $Q_3Q_2Q_1Q_0=0000$，则选择前 5 个稳定状态 0000 ~ 0100 构成五进制加法计数器。

采用反馈清零法设计的五进制加法计数器电路如图 5.44 所示。由于 74192 异步清零端 R_D 高电平有效，故反馈识别门选用与门，每当计数器计到 $Q_3Q_2Q_1Q_0=0101$ 时，与门输出高电平，即异步清零端 R_D 有效，$Q_3Q_2Q_1Q_0=0000$。

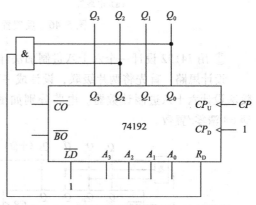

图 5.44　反馈清零法五进制加法计数器

② 用 74192 设计一个六进制减法计数器。六进制减法计数器，即 $M=6$，应该有 6 个稳定状态。

方法 1：设初始状态 $Q_3Q_2Q_1Q_0=0000$，则选择 6 个稳定状态：0000 和后 5 个状态 1001 ~ 0101，来设计六进制减法计数器。采用反馈清零法设计的六进制减法计数器电路，如图 5.45（a）所示。状态 0100 作为反馈电路的输入端，即遇 0100 状态计数器清零。其状态图如图 5.45（b）所示。

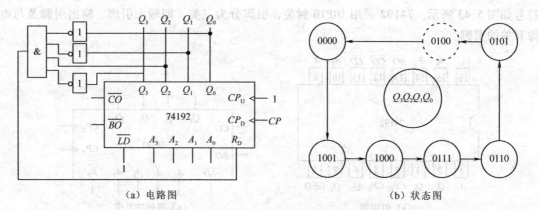

（a）电路图　　　　　　　　　　　　　（b）状态图

图 5.45　反馈清零法六进制减法计数器

方法2：设初始状态 $Q_3Q_2Q_1Q_0 = 0000$，则选择 6 个稳定状态 0101～0000 构成六进制减法计数器。采用反馈置数法设计的六进制减法计数器电路如图 5.46（a）所示。状态 1001 作为反馈电路的输入端，即遇 1001 状态计数器置初值 0101。状态图如图 5.46（b）所示。

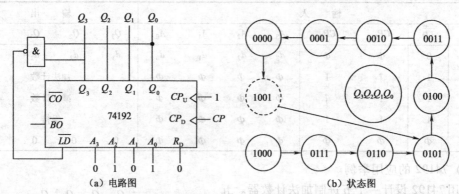

（a）电路图　　　　　　　　　　　　　（b）状态图

图 5.46　反馈置数法六进制减法计数器

③ 用 74192 设计一个六十八进制加法计数器。

设计思路：首先将两片级联，设计成一百进制计数器。然后分别采用反馈清零或反馈置数法设计六十八进制计数器。电路分别如图 5.47 和图 5.48 所示，计数器选用 0～67 状态，遇 68 清零/置数。

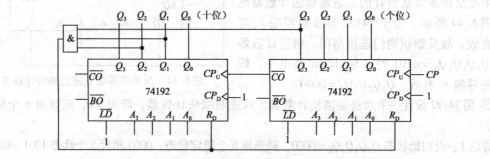

图 5.47　反馈清零法六十八进制加法计数器

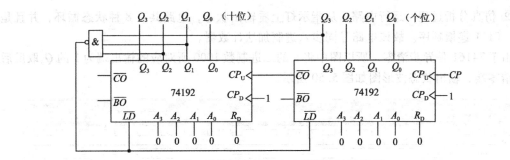

图 5.48 反馈置数法六十八进制加法计数器

5.4.4 仿真分析

1. 用 74161 设计一个八进制加法计数器

（1）反馈清零法。参照图 5.39 画出采用反馈清零法构成八进制加法计数器电路的 Proteus 仿真电路图如图 5.49 所示。

① 仪器仪表和元器件清单。图 5.49 所示电路所用的仪器仪表和元器件如下，选取方法参见 2.3.2 和 2.4.3 节有关内容。

仪器仪表：数字时钟信号发生器（DCLOCK）、电压探针（Probe）4 个、数字分析图表（DIGITAL）和端口电源（POWER：+5V）。

元器件：四位二进制加法计数器（74161）1 个、指示灯（LED）4 个、固定电阻 1 个和非门（7404）1 个。

输出采用指示灯和数字状态曲线显示。如图 5.49 所示。本例中的指示灯采用了实际电路的接法，+5 V 电源接电阻后连接到共阳极的 4 个发光二极管上，74161 的 4 个输出接非门后连接到发光二极管的阴极上。

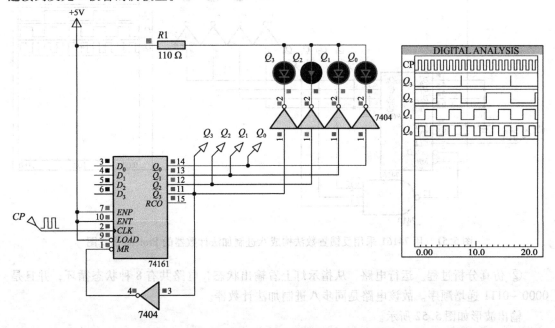

图 5.49 用 74161 采用反馈清零法构成八进制加法计数器的 Proteus 仿真图

② 仿真分析过程。运行电路，从指示灯上看输出状态，电路共有 8 种状态循环，并且是 0000~0111 递增顺序。故该电路是同步八进制加法计数器。

由于 74161 是异步清零，所以图中将 8 的二进制数 1000 所对应的输出端为 1 的 Q_3 取反后接到清零端，输出状态波形图如图 5.50 所示。

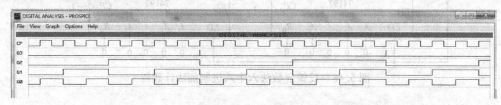

图 5.50　74161 反馈清零法八进制数字状态输出波形图

（2）反馈置数法。参照图 5.41 画出采用反馈置数法构成八进制加法计数器电路的 Proteus 仿真电路图，如图 5.51 所示。

① 仪器仪表和元器件清单。图 5.51 所示电路所用的仪器仪表和元器件如下，选取方法参见 2.3.2 和 2.4.3 节有关内容。

仪器仪表：数字时钟信号发生器（DCLOCK）、电压探针（Probe）4 个、数字分析图表（DIGITAL）、端口电源（POWER：+5V）和接地端。

元器件：四位二进制加法计数器（74161）1 个、指示灯（LED）4 个、固定电阻器 1 个和三输入与非门（7410）1 个。

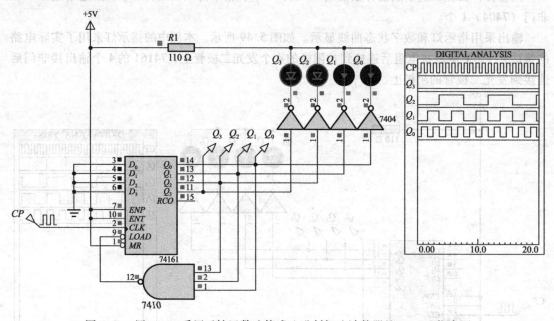

图 5.51　用 74161 采用反馈置数法构成八进制加法计数器的 Proteus 仿真图

② 仿真分析过程。运行电路，从指示灯上看输出状态，电路共有 8 种状态循环，并且是 0000~0111 递增顺序。故该电路是同步八进制加法计数器。

输出波形如图 5.52 所示。

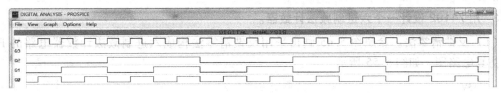

图 5.52 74161 反馈置数法八进制数字状态输出波形图

2. 用 74192 设计一个五进制加法计数器

参照图 5.44 画出采用反馈清零法构成五进制加法计数器电路的 Proteus 仿真电路图如图 5.53 所示。

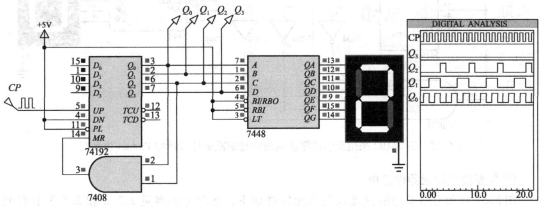

图 5.53 用 74192 采用反馈清零法构成五进制加法计数器的 Proteus 仿真图

（1）仪器仪表和元器件清单。图 5.53 所示电路所用的仪器仪表和元器件如下，选取方法参见 2.3.2 和 2.4.3 节有关内容。

① 仪器仪表：数字时钟信号发生器（DCLOCK）、电压探针（Probe）4 个、数字分析图表（DIGITAL）、端口电源（POWER：+5V）和接地端各 1 个。

② 元器件：同步十进制可逆计数器（74192）1 个、共阴极数码管（7SEG）1 个、显示译码器（7448）1 个和两输入与门（7408）1 个。

74192 为可逆计数器，具有 2 个脉冲输入，分别实现加计数和减计数。当需要做加计数器使用时，脉冲信号接到加脉冲输入端 CP_U，同时必须将减脉冲端 CP_D 接高电平，反之亦然。

输出采用数码管和数字状态曲线显示。本例采用实际电路的连接方法，将 74192 的输出接显示译码器 7448，然后采用共阴数码管显示状态。

（2）仿真分析过程。运行电路，从指示灯上看输出状态，电路共有 5 种状态循环，并且是 0000～0100 递增顺序。故该电路是五进制加法计数器。

反馈部分是将 5 的二进制数 0101 中为 1 的输出端 Q_2Q_0 与非后接到清零端，这样系统遇 5 清零。图 5.54 给出了波形图。

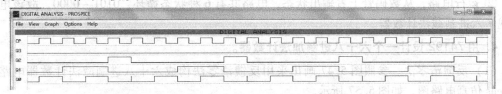

图 5.54 74192 反馈清零法五进制数字状态输出波形图

3. 用74192设计一个六进制减法计数器。

（1）反馈清零法。参照图5.45画出采用反馈清零法构成六进制减法计数器电路的Proteus仿真电路图，如图5.55所示。

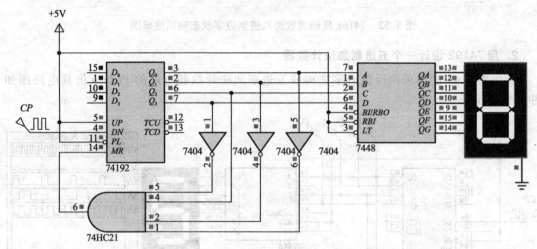

图5.55　用74192采用反馈清零法构成六进制减法计数器的Proteus仿真图

① 仪器仪表和元器件清单。

图5.55所示电路所用的仪器仪表和元器件如下，选取方法参见2.3.2和2.5.3节有关内容。

仪器仪表：数字时钟信号发生器（DCLOCK）、端口电源（POWER：+5V）和接地端各1个。

元器件：同步十进制可逆计数器（74192）1个、数码管（7SEG）1个、显示译码器（7448）1个、非门（7404）3个和四输入与门（7421）1个。

实际操作时，没有非门7404，也可以用7400实现非门逻辑功能，只需将两个输入端接相同的输入信号，或者一个接输入信号一个接逻辑高电平。

② 运行电路，从数码管上看输出状态，电路共有六种状态循环，状态图如图5.45所示，故该电路实现了六进制减法计数器。

（2）反馈置数法。参照图5.46画出采用反馈置数法构成六进制减法计数器电路的Proteus仿真电路图如图5.56所示。

① 仪器仪表和元器件清单。图5.56所示电路所用的仪器仪表和元器件如下，选取方法参见2.3.2和2.4.3节有关内容。

仪器仪表：数字时钟信号发生器（DCLOCK）、端口电源（POWER：+5V）和接地端各1个。

元器件：同步十进制可逆计数器（74192）1个、数码管（7SEG）和两输入与非门（7400）1个。

② 运行电路，从数码管上看输出状态，电路共有6种状态循环，0101~0000，故该电路实现了六进制减法计数器。

4. 用74192设计一个六十八进制加法计数器。

（1）反馈清零法。参照图5.47画出采用反馈清零法构成六十八进制减法计数器电路的Proteus仿真电路图，如图5.57所示。

① 仪器仪表和元器件清单。图 5.57 所示电路所用的仪器仪表和元器件如下，选取方法参见 2.3.2 和 2.4.3 节有关内容。

仪器仪表：数字时钟信号发生器（DCLOCK）、数码管（7SEG）和端口电源（POWER：+5V）。

元器件：十进制可逆计数器（74192）2 个和三输入与门（7411）1 个。

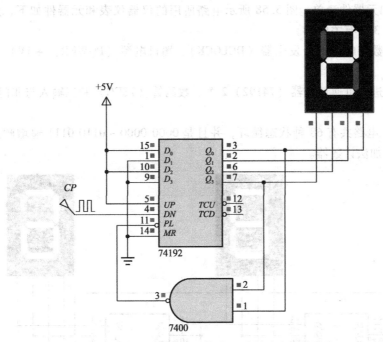

图 5.56　用 74192 采用反馈置数法构成六进制减法计数器的 Proteus 仿真图

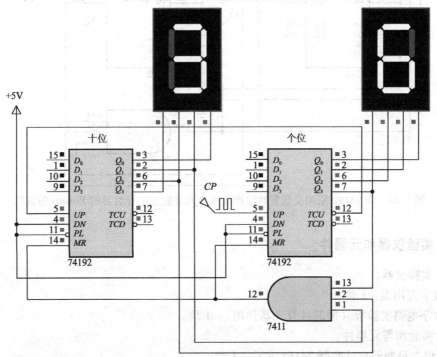

图 5.57　用 74192 采用反馈清零法构成六十八进制加法计数器的 Proteus 仿真图

② 运行电路，电路共有六十八种状态循环，并且是 0000 0000～0110 0111 递增顺序。故该电路是六十八进制加法计数器。

（2）反馈置数法。参照图 5.48 画出采用反馈置数法构成六十八进制加法计数器电路的 Proteus 仿真电路图，如图 5.58 所示。

① 仪器仪表和元器件清单。图 5.58 所示电路所用的仪器仪表和元器件如下，选取方法参见 2.3.2 和 2.4.3 节有关内容。

- 仪器仪表：数字时钟信号发生器（DCLOCK）、端口电源（POWER：+5V）和接地端各 1 个。
- 元器件：十进制可逆计数器（74192）2 个、数码管（7SEG）和三输入与非门（7410）1 个。

② 运行电路，电路共有 68 种状态循环，并且是 0000 0000～0110 0111 递增顺序。故该电路是六十八进制加法计数器。

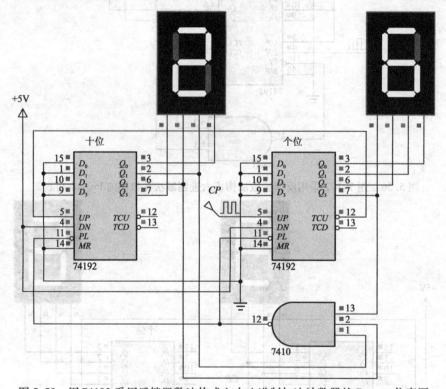

图 5.58　用 74192 采用反馈置数法构成六十八进制加法计数器的 Proteus 仿真图

5.4.5　实验仪器和元器件

（1）实验仪器。

① 数字万用表：1 块。

② 数字电路实验板（插芯片及元器件用）：1 块。

（2）实验所需元器件。

① 4 位二进制同步计数器 74161 芯片：1 片。

② 同步十进制可逆计数器 74192 芯片：2 片。

③ 二输入与门 7408 芯片：1 片。

④ 二输入与非门 7400 芯片：1 片。

5.4.6　实验注意事项

（1）检查电路图接线是否正确，重点检查电源的接法是否正确。

（2）理解使能端的正确使用。

（3）如果运行结果不正确，用万用表检测各逻辑门电平，是否出现低电平不低，高电平不高导致电路逻辑功能出错。

（4）实验开始时电路是否清零。

（5）测试脉冲电平是否满足要求。

5.4.7　实验内容

1. 测试 74161 计数器的逻辑功能

（1）按照引脚图 5.36 接线，先接好电源和地，输入端和使能端均接逻辑电平，脉冲端接手动脉冲输出端接指示灯，改变输入端和使能端的状态，观察灯的亮灭变化。

（2）对照状态表 5.23 逐一进行功能测试。

2. 测试 74192 计数器的逻辑功能

（1）按照引脚图 5.43 接线，先接好电源和地，输入端和使能端均接逻辑电平，脉冲端接手动脉冲输出端接指示灯，改变输入端和使能端的状态，观察灯的亮灭变化。

（2）对照状态表 5.25 逐一进行功能测试。

3. 用 74161 设计八进制加法计数器

（1）根据题目进行组合逻辑电路的设计，由逻辑表达式确定所需的芯片。

（2）对实验中要用到的其他辅助芯片进行功能测试。

（3）根据预习中所得到的逻辑电路图进行电路连接。

（4）观察指示灯，看是否实现八进制计数器。

4. 参照上题完成下列各题的设计实验

（1）用 74161 设计任意进制加法计数器，要求分别采用反馈清零法和反馈置数法。

（2）用 74192 设计一个任意进制加法计数器，要求分别采用反馈清零法和反馈置数法。

（3）用 74192 设计一个任意进制减法计数器，方法不限。

5.4.8　实验思考题

（1）用 2 片 74161 设计六十进制加法计数器。

（2）用 2 片 74192 设计二十四进制倒计时计数。

5.4.9　实验报告要求

（1）写出实验中所用到的芯片逻辑功能及测试过程。

（2）画出实验题目的逻辑电路图，写出设计全过程，并附仿真结果。

（3）分析实验结果，并对实验中出现的问题及解决的方法进行分析和总结。

（4）写出本次实验的感想和建议。

5.5 数字逻辑综合仿真实验

5.5.1 综合仿真实验的目的和意义

（1）熟悉 Proteus 软件在数字逻辑综合设计中的应用。

（2）利用 Proteus 软件仿真研究数字逻辑综合电路的分析和设计。

（3）进一步熟悉和掌握 Proteus 软件在数字系统设计中的应用。

5.5.2 实验预习

（1）复习小规模组合逻辑电路、中规模组合逻辑电路、触发器和集成计数器的知识。

（2）查阅资料确定综合仿真实验的内容和题目。

（3）准备好实验草图和实验原理等资料，以备实验时参考。

5.5.3 仿真分析

1. 分析图 5.59 所示电路的逻辑功能

（1）仪器仪表和元器件清单。图 5.59 所示电路所用的仪器仪表和元器件如下，选取方法参见 2.3.2 和 2.4.3 节有关内容。

① 仪器仪表：逻辑状态（LOGICSTATE）、端口电源（POWER：+5V）和接地端。

② 元器件：3 线-8 线译码器（74HC138）1 个、八选一数据选择器（74HC151）1 个、指示灯（LED）1 个和非门（7404）1 个。

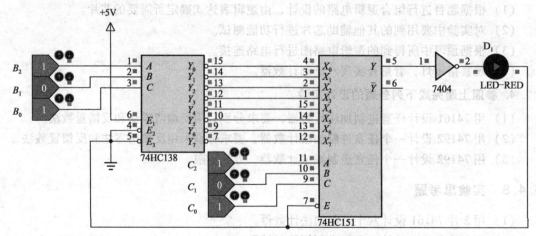

图 5.59　相同数值比较器的 Proteus 仿真图

（2）该电路由 3 线-8 线译码器 74138 和八选一数据选择器 74151 构成。$B_2B_1B_0$ 和 $C_2C_1C_0$ 为两个 3 位二进制数，作为数据输入。当 74138 的输入 $B_2B_1B_0$ 取值为 000 ~ 111 时，74138 的输出 $\overline{Y}_0$ ~ $\overline{Y}_7$ 依次输出低电平，同时其他输出端为高电平。当 74151 的输入 $C_2C_1C_0$ 取值为 000 ~

111 时，数据选择器将依次选通 $D_0 \sim D_7$ 输出。

运行电路，当 $B_2B_1B_0 = C_2C_1C_0$ 时，$Y = 0$，指示灯灭；当 $B_2B_1B_0 \neq C_2C_1C_0$ 时，$Y = 1$，指示灯亮。故该电路是一个相同数值比较器。

2. 分析电路的逻辑功能

分析图 5.60 所示电路的逻辑功能。

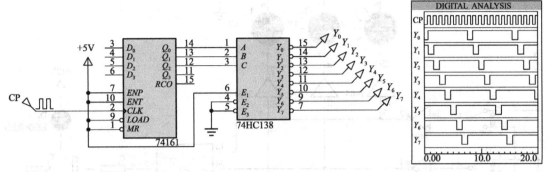

图 5.60　8 路顺序脉冲信号发生器

（1）仪器仪表和元器件清单。图 5.60 所示电路所用的仪器仪表和元器件如下，选取方法参见 2.3.2 和 2.4.3 节有关内容。

① 仪器仪表：数字时钟信号发生器（DCLOCK）、电压探针（Probe）8 个、数字分析图表（DIGITAL）、端口电源（POWER：+5V）和接地端各 1 个。

② 元器件：3 线–8 线译码器（74HC138）1 个和四位二进制加法计数器（74161）1 个。

（2）该电路由 1 片 74161 和 1 片 74138 组成，且 74161 的 $Q_2Q_1Q_0$ 与 74138 的地址输入端 $A_2A_1A_0$ 相连。从电路中可知，74161 工作在计数方式，74138 译码器工作在译码方式。因此，在时钟脉冲 CP 驱动下，计数器 74161 的 $Q_2Q_1Q_0$ 输出端将周期性地产生 000 ~ 111 输出，再通过译码器 74138 译码后输出。运行电路，在 CP 脉冲驱动下，74138 输出端可输出一组顺序脉冲信号，所以该电路是 8 路顺序脉冲信号发生器。其工作波形如图 5.61 所示。

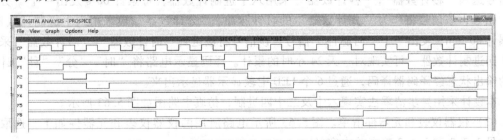

图 5.61　8 路顺序脉冲信号发生器的仿真结果图

3. 故障报警电路

（1）设计要求。设计一个故障报警电路，当正常工作时，输入端 A、B、C 均为 1（参数正常），这时晶体管 T_1 导通，LED 灭；各路状态指示灯 L 全亮。如果系统中某电路出现故障，例如 C 路，则 C 的状态从 1 变为 0。这时 T_1 截止，L_3 熄灭，表示 C 路发生故障，LED 亮，故障报警。

（2）仪器仪表和元器件清单。图 5.62 所示电路所用的仪器仪表和元器件如下，选取方法参见 2.3.2 和 2.4.3 节有关内容。

① 仪器仪表：端口电源（POWER） +12 V 一个、+5 V 一个和接地端 1 个。

② 元器件：固定电阻 1 个、单刀双掷开关（SW-SPDT）3 个、指示灯（LED）1 个、灯（LAMP）1 个、非门（7404）6 个、晶体管（2N2222）1 个和三输入或门（4075）1 个。

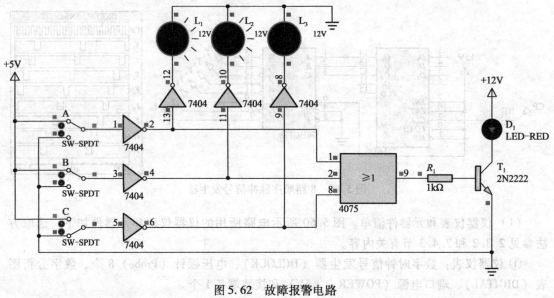

图 5.62　故障报警电路

4. 数字电子时钟的设计

（1）设计要求。设计一个数字电子钟，以数字形式显示时、分和秒的时间，能够准确计时，小时的计时要求为"24 时计时"，分和秒的计时要求都为六十进制。数字钟是计时周期为 24 小时，显示满刻度为 23 时 59 分 59 秒。秒信号产生器是整个系统的时基信号，将标准秒信号送入"秒计数器"，"秒计数器"采用六十进制计数器，每累计 60 s 发出一个"分脉冲"信号，该信号将作为"分计数器"的时钟脉冲。"分计数器"也采用六十进制计数器，每累计 60 min，发出一个"时脉冲"信号，该信号将被送到"时计数器"。"时计数器"采用二十四进制计数器，可实现对一天 24 小时的累计。译码显示电路将"时""分""秒"计数器的输出状态经译码器译码，通过 6 个 LED 七段显示器显示出来。

本设计采用异步清零法实现六十及二十四进制，仿真电路图如图 5.63 所示。

（2）仪器仪表和元器件清单。图 5.63 所示电路所用的仪器仪表和元器件如下，选取方法参见 2.3.2 和 2.4.3 节有关内容。

① 仪器仪表：数字时钟信号发生器 CLK（DCLOCK）、电源 POWER（+5V）2 个和接地端 14 个。

② 元器件：同步十进制可逆计数器（74192）6 个、七段码译码器（4511）6 个、数码管（7SEG）6 个和两输入与门（7408）3 个。

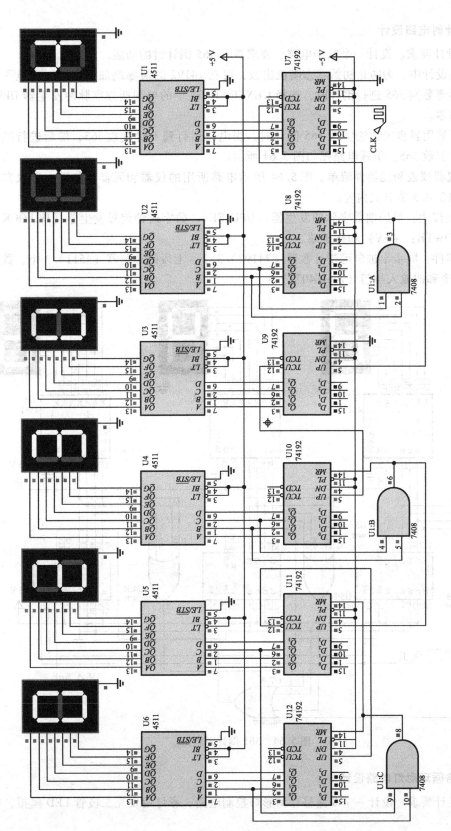

图5.63　数字电子时钟电路图

5. 倒计时电路设计

（1）设计要求。设计一个数字电路，要求具有 365 倒计时的功能。

在电路设计中，为防止初始状态随机出数，可在 74192 的清零端加一个瞬时高电平信号使之清零再置数到 365 进行倒计时，选择 GENERATORS 中的单周期数字脉冲发生器 DPULSE 进行系统清零。

本设计采用异步置数法实现 365 倒计时，当电路运行到 1 时置数 365，然后进行减法操作，到 1 再置数 365。仿真电路图如图 5.64 所示。

（2）仪器仪表和元器件清单。图 5.64 所示电路所用的仪器和元器件如下，选取方法参见 2.3.2 和 2.4.3 节有关内容。

① 仪器仪表：单周期数字脉冲发生器（DPULSE）、数字时钟信号发生器（DCLOCK）端口电源（POWER：+5V）和接地端。

② 元器件：同步十进制可逆计数器（74192）3 个、七段码译码器（4511）3 个、数码管（7SEG）3 个和四输入与门（74HC4072）4 个。

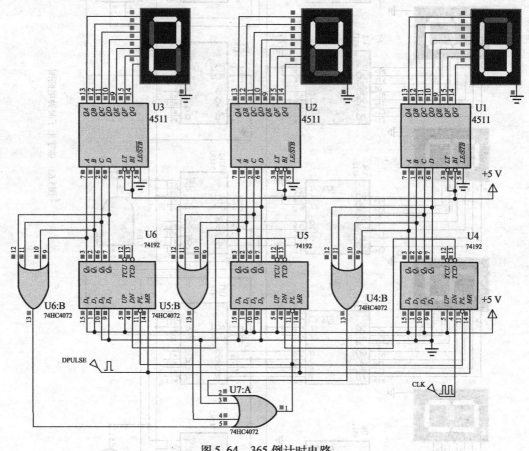

图 5.64　365 倒计时电路

6. 八路循环彩灯电路设计

（1）设计要求。设计一个 8 路移存型彩灯控制电路，彩灯用发光二极管 LED 模拟，彩灯明暗节拍为 1 s 和 2 s 作为一个循环周期。8 个灯分两组，4 个为一组，同时逐个点亮，再逐个熄灭。

设计采用 2 片 74194 移位寄存器来控制 8 路彩灯的亮灭，彩灯的明暗节拍为 1 s，每一个变换方式都循环两次，用 D 触发器 7474 二分频把 *CP* 脉冲时间由 1 s 变成 2 s，用数据选择器 74151 来控制彩灯的明暗节拍，用 2 片四位可预置二进制计数器 74161 来控制变换方式。

在设计彩灯时，要用到发光二极管，发光二极管在使用时不要直接接到移位寄存器输出，因为即使输出为高电平，也可能因输出电流不够（发光二极管工作电流为 20 mA 左右）导致发光二极管不亮。正确接法是移位寄存器的输出端接反相器 7404，反相器的输出接发光二极管的阴极，发光二极管的阳极接 5 V 电源。在实际操作中，如发光二极管流经电流过大可串联限流电阻，在用到发光二极管时，都可用此法连接。仿真电路图如图 5.65 所示。

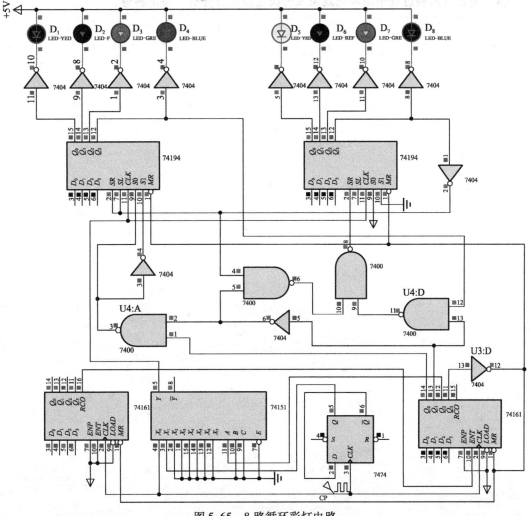

图 5.65　8 路循环彩灯电路

（2）仪器仪表和元器件清单。图 5.65 所示电路所用的仪器仪表和元器件如下，选取方法参见 2.3.2 和 2.4.3 节有关内容。

① 仪器仪表：数字时钟信号发生器 CP（DCLOCK）1 个、端口电源（POWER：+5V）3 个和接地端 2 个。

② 元器件：四位二进制加法计数器（74161）2 个、八选一数据选择器（74151）1 个、D 触发器（7474）1 个、指示灯（LED）8 个、两输入与非门（7400）4 个和非门（7404）4 个。

5.5.4 实验报告要求

（1）将实验的目的意义和实验原理写在实验报告上。

（2）将仿真分析的电路图、分析过程的波形图和实验测试的数据截图形成 Word 文档。

（3）对仿真实验结果进行分析，将分析结果写在实验报告上。

（4）对仿真实验过程中出现的现象及解决过程进行分析，写出感想。

哈尔滨商业大学

计算机与信息工程学院

电工电子技术实验报告

课 程 名 称： 电工学

实 验 题 目： 叠加原理和戴维宁定理

专业、班级： 201×级物流工程 1 班

姓 名： 张杰伦

学 号： 201×12345678

日 期： 201×.03.13

一、实验目的

（1）验证叠加定理和戴维宁定理。

（2）掌握实验电路的连接、测试及调整方法。

（3）熟悉直流毫安表、万用表和直流稳压电源的使用方法。

二、实验原理

1. 叠加定理

叠加定理：对于线性电路，任何一条支路的电流或任一元器件两端电压，都可以看成是由电路中各个电源（电压源或电流源）分别作用时，在此支路产生的电流或电压的代数和。实验电路图如图 A.1 所示。

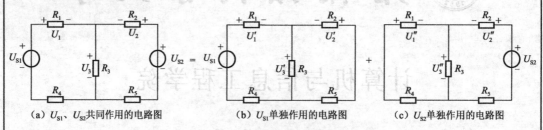

（a）U_{S1}、U_{S2} 共同作用的电路图　　（b）U_{S1} 单独作用的电路图　　（c）U_{S2} 单独作用的电路图

图 A.1　叠加定理实验电路图

U_{S1} 单独作用时：

$$U_1' = \frac{R_1}{R_1 + R_4 + R_3 // (R_2 + R_5)} U_{S1} \tag{1}$$

$$U_2' = \frac{[R_3 // (R_2 + R_5)] R_2}{[R_1 + R_4 + R_3 // (R_2 + R_5)](R_2 + R_5)} U_{S1} \tag{2}$$

$$U_3' = \frac{R_3 // (R_2 + R_5)}{R_1 + R_4 + R_3 // (R_2 + R_5)} U_{S1} \tag{3}$$

U_{S2} 单独作用时：

$$U_1'' = \frac{-R_1 R_3}{[R_2 + R_5 + R_3 // (R_1 + R_4)][R_1 + R_4 + R_3]} U_{S2} \tag{4}$$

$$U_2'' = \frac{R_2}{R_2 + R_5 + R_3 // (R_1 + R_4)} U_{S2} \tag{5}$$

$$U_3'' = \frac{R_3 // (R_1 + R_4)}{R_2 + R_5 + R_3 // (R_1 + R_4)} U_{S2} \tag{6}$$

U_{S1} 和 U_{S2} 共同作用时：

$$U_1 = U_1' + U_1'' \tag{7}$$

$$U_2 = U_2' + U_2'' \tag{8}$$

$$U_3 = U_3' + U_3'' \tag{9}$$

2. 戴维宁定理

戴维宁定理：任何一个有源二端线性网络都可以用一个电动势为 U_{oc} 的理想电压源和内阻 R_0 的电阻串联来等效代替，其中等效电源的电动势 U_{oc} 等于二端网络的开路电压，内阻

R_0等于从二端网络看进去所有电源不起作用（理想电压源短路，理想电流源开路）时的等效电阻。戴维宁定理原电路如图 A.2 所示，等效电路如图 A.3 所示。

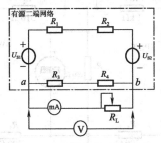

图 A.2 戴维宁定理原电路

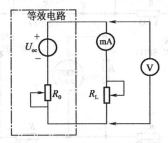

图 A.3 戴维宁定理等效电路

根据图 A.2 得到有源二端网络的开路电压为

$$U_{oc} = \frac{(R_3 + R_4)(U_{S2} - U_{S1})}{R_1 + R_2 + R_3 + R_4} \tag{10}$$

有源二端网络的等效电阻为

$$R_0 = \frac{(R_3 + R_4)(R_2 + R_1)}{R_1 + R_2 + R_3 + R_4} \tag{11}$$

接入 R_L 后，其电流和电压分别为

$$I_{R_L} = \frac{U_{oc}}{R_0 + R_L} \tag{12}$$

$$U_{R_L} = \frac{U_{oc}}{R_0 + R_L} \times R_L \tag{13}$$

三、仿真分析

1. 叠加定理

参照图 A.1 连接仿真电路，电路中电阻的参考阻值为 $R_1 = 1 \ \text{k}\Omega$，$R_2 = 510 \ \Omega$，$R_3 = 200 \ \Omega$，$R_4 = 200 \ \Omega$，$R_5 = 300 \ \Omega$；电压源的参考电压值为 $U_{S1} = 15 \ \text{V}$，$U_{S2} = 6 \ \text{V}$，仿真结果参照图 A.4、图 A.5 与图 A.6。

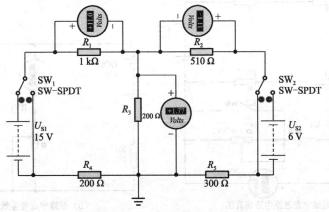

图 A.4 U_{S1} 单独作用时电压值测量电路 Proteus 仿真图

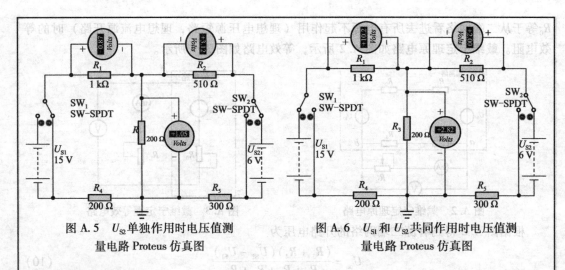

图 A.5　U_{S2} 单独作用时电压值测
量电路 Proteus 仿真图

图 A.6　U_{S1} 和 U_{S2} 共同作用时电压值测
量电路 Proteus 仿真图

2. 戴维宁定理

（1）参照图 A.2 连接仿真电路，电路中电阻的参考阻值为 $R_1 = 620\ \Omega$，$R_2 = 100\ \Omega$，$R_3 = 100\ \Omega$，$R_4 = 200\ \Omega$；电压源的参考电压值为 $U_{S1} = 6\ V$，$U_{S2} = 15\ V$，仿真结果参照图 A.7 和图 A.8。

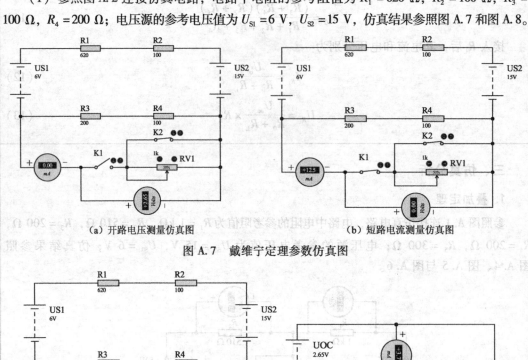

（a）开路电压测量仿真图　　　　　　　　　　　（b）短路电流测量仿真图

图 A.7　戴维宁定理参数仿真图

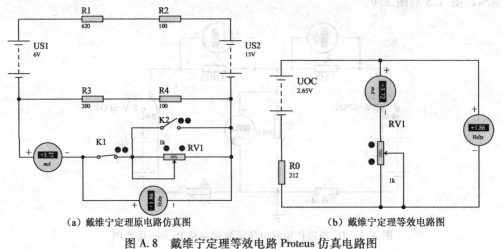

（a）戴维宁定理原电路仿真图　　　　　　　　　　（b）戴维宁定理等效电路图

图 A.8　戴维宁定理等效电路 Proteus 仿真电路图

(2) 先将开关断开，不接入 R_L，测定有源二端网络的开路电压 U_{oc}，并与计算值相比较。

(3) 将 R_L 短路，测定短路电流 I_S，则等效电阻 $R_0 = \dfrac{U_{oc}}{I_S}$。

(4) 接入 R_L，分别取不同的阻值，读取并记录电压表和电流表的读数，并与计算值相比较。

四、实验内容

1. 叠加定理

（1）参照图 A.1 连接电路，检查无误后接通电源，按照图 A.1（a）标出的各电阻的电压参考方向，用万用表直流电压挡分别测量电阻 R_1、R_2、R_3 两端的电压 U_1、U_2、U_3，并将测量数据填入表 A.1 中。

（2）将电压源 U_{S1} 从电路中去除（用短路线或双向开关替代 U_{S1}），如图 A.1（b）所示。用万用表直流电压挡分别测量电阻 R_1、R_2、R_3 两端的电压 U_1'、U_2'、U_3'，并将测量数据填入表 A.1 中。

（3）将电压源 U_{S1} 恢复为之前的连接，将电压源 U_{S2} 从电路中去除（用短路线或双向开关替代 U_{S2}），如图 A.1（c）所示。用万用表直流电压挡分别测量电阻 R_1、R_2、R_3 两端的电压 U_1''、U_2''、U_3''，并将测量数据填入表 A.1 中。

2. 戴维宁定理

（1）参照图 A.2 正确连接电路，先不接入 R_L，测定有源二端网络的开路电压 U_{oc}，并与计算值比较，如符合误差范围将测量结果填入表 A.2 中。

（2）在步骤（1）的基础上，将两个电源去除，用短路线代替，用万用表电阻挡测量等效内阻 R_0，并与计算值比较，如符合误差范围将测量结果填入表 A.2 中。

（3）参照图 A.2 接入负载 R_L，毫安表和万用表。负载 R_L 取 3 个不同的电阻值，读取负载 R_L 两端的电压和流过的电流，并与计算值相比较，如符合误差范围将测量结果填入表 A.2 中。

（4）参照图 A.3 连接等效电路，调节等效电路的电压源电压与步骤（1）中测量的 U_{oc} 相等，调节可调电阻器的电阻等于步骤（2）中测量的 R_0，负载 R_L 取与步骤（3）中相同的 3 个电阻值，读取负载 R_L 两端的电压和流过的电流，并与步骤（3）中的测量值相比较，如符合误差范围将测量结果填入表 A.3 中。

五、数据记录

表 A.1　叠加定理实验数据

U_{S1} 与 U_{S2}	计算值/V			测量值/V		
U_{S1}、U_{S2} 共同作用	U_1	U_2	U_3	U_1	U_2	U_3
	10.2	−2.00	2.82	10.12	−2.00	2.80
U_{S1} 单独作用	U_1'	U_2'	U_3'	U_1'	U_2'	U_3'
	11.0	1.11	1.77	10.99	1.11	1.75
U_{S2} 单独作用	U_1''	U_2''	U_3''	U_1''	U_2''	U_3''
	−0.87	−3.12	1.05	−0.86	−3.12	1.03

表 A. 2　有源二端网络戴维宁定理电路实验数据

项　目	计　算　值		测　量　值		实验曲线求得值		
二端口网络	U_{oc}	R_0	U_{oc}	R_0	U_{oc}	I_S	R_0
	2. 65	212	2. 59	210			
电路外特性	$R_L = 100\Omega$		$R_L = 500\Omega$		$R_L = 1k\Omega$		
	U_1	I_1	U_2	I_2	U_3		I_3
	0. 88	8. 07	1. 83	3. 60	2. 14		2. 12

表 A. 3　戴维宁定理等效电路实验数据

$R_L = 100\Omega$		$R_L = 500\Omega$		$R_L = 1k\Omega$		实验曲线求得值		
U_1	I_1	U_2	I_2	U_3	I_3	U'_{oc}	I_S	R_0
0. 90	8. 29	1. 77	3. 52	2. 09	2. 11			

六、数据处理及结果

1. 叠加定理

根据相对误差计算公式 $\Delta U\% = \dfrac{U_{计算值} - U_{测量值}}{U_{计算值}} \times 100\%$ ，计算叠加定理的 9 个相对误差，计算结果如表 A. 4 所示。

表 A. 4　叠加定理误差表

U_{S1} 与 U_{S2}	$\Delta U_1\%$	$\Delta U_2\%$	$\Delta U_3\%$
U_{S1}、U_{S2} 共同作用	0.09%	0	1.1%
U_{S1} 单独作用	1.1%	0	1.99%
U_{S2} 单独作用	0.78%	0	0.7%

2. 戴维宁定理

（1）开路电压误差：$\Delta U_{oc}\% = \dfrac{U_{oc计算值} - U_{oc测量值}}{U_{oc计算值}} \times 100\% = 2.26\%$ 　　　　(14)

（2）等效电阻误差：$\Delta R_0\% = \dfrac{R_{0计算值} - R_{0测量值}}{R_{0计算值}} \times 100\% = 0.94\%$ 　　　　(15)

（3）原电路与等效电路的外特性误差，以绝对误差表示。

$$\Delta U = U_{原电路} - U_{等效电路}, \Delta I = I_{原电路} - I_{等效电路}$$ 　　(16)

计算结果如表 A. 5 所示。

表 A. 5　戴维宁定理原电路与等效电路的外特性误差表

R_L	ΔU	ΔI
$R_L = 100\ \Omega$	- 0.02 V	- 0.22 A
$R_L = 500\ \Omega$	0.06 V	0.08 A
$R_L = 1\ k\Omega$	0.05 V	0.01 A

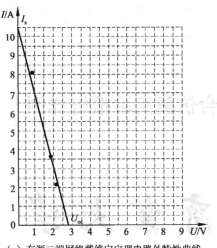
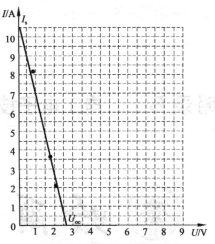

（a）有源二端网络戴维宁定理电路外特性曲线　　　　　（b）戴维宁定理等效电路外特性曲线

图 A.9　戴维宁定理原电路与等效电路的外特性曲线

七、误差分析

通过实验数据和仪器设备情况进行误差分析。

（1）导线误差。

（2）电源老化造成的示数不稳定。

（3）其他设备工作不稳定。

（4）仪器仪表的示数误差。

（5）接触电阻带来的误差。

（6）实验元器件示值不准确造成的误差。

八、对本实验的学习心得、意见和建议

通过本次实验，我不仅验证了叠加定理和戴维宁定理的正确性，更加深了对叠加定理和戴维宁定理的理解和运用，熟悉了直流毫安表、万用表和直流稳压电源的使用方法。同时，在实验中一定要注意实验安全问题，发现问题要及时与指导教师沟通。

九、成绩评定

考核项目	实验预习情况	实验操作情况	实验报告	成绩评定
得分				

指导教师签字：

哈爾濱商業大學

计算机与信息工程学院

电工电子技术实验报告

课 程 名 称： 电工学

实 验 题 目： 综合实验一

专业、班级： 201×级物流工程 1 班

姓 名： 张杰伦

学 号： 201×12345678

日 期： 201×.03.13

一、实验目的

（1）熟悉 Proteus 软件在交直流电路分析和实验中的应用。

（2）利用 Proteus 软件仿真研究直流电路、一阶 RC 电路、正弦交流电路的工作过程及工作特性。

（3）通过仿真分析加深对电路基本原理的理解。

二、实验原理

1．叠加定理

用叠加定理求图 B.1（a）所示电路中的 I 值。

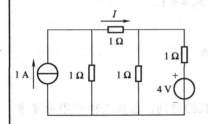 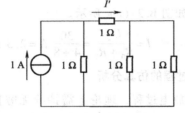 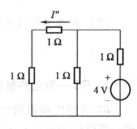

（a）原电路图　　　　　（b）电流源单独作用的电路图　　　　（c）电压源单独作用的电路图

图 B.1　叠加定理实验电路图

电流源单独作用时，电流方向如图 B.1（b）所示。

$$I' = \frac{1}{1 + \left(1 + \frac{1}{1+1}\right)} \times 1\ \text{A} = 0.4\ \text{A}$$

电压源单独作用时，电流方向如图 B.1（c）所示。

$$R = (1+1)//1 = \frac{2}{2+1}\ \Omega = \frac{2}{3}\ \Omega \qquad I'' = \frac{4}{\frac{2}{3}+1} \times \frac{1}{2+1}\ \text{A} = 0.8\ \text{A}$$

两个电源共同作用时，电流方向如图 B.1（a）所示。

$$I = I' - I'' = (0.4 - 0.8)\text{A} = -0.4\ \text{A}$$

2．戴维宁定理

用戴维宁定理求图 B.2（a）所示电路中的 I 值。

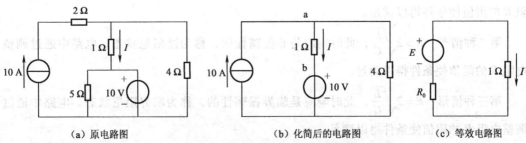

（a）原电路图　　　　　　（b）化简后的电路图　　　　　　（c）等效电路图

图 B.2　戴维宁定理实验电路图

化简后的电路如图 B.2（b）所示。

（1）等效电源的电动势 U_0 可由图 B.3 求得。

（2）等效电源的内阻 R_0 可由图 B.4 求得。

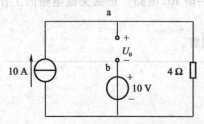 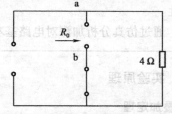

图 B.3　求等效电源电动势的电路图　　　图 B.4　求等效电源内阻的电路图

$$U_{oc} = (4 \times 10 - 10) \text{ V} = 30 \text{ V} \qquad R_0 = 4 \text{ } \Omega$$

（3）戴维宁等效电路如图 B.2（c）所示。

$$I = \frac{U_{oc}}{R_0 + R_L} = \frac{30}{4 + 8} \text{ A} = 2.5 \text{ A}$$

3. RC 一阶电路暂态过程的仿真分析

RC 电路电容器的充、放电过程，理论上需持续无穷长的时间，但从工程应用角度考虑，可以认为经过 $t_p = (3 \sim 5)\tau$ 的时间即已基本结束，其实际持续的时间很短暂，因而称为暂态过程。暂态过程所需时间决定于 RC 电路的时间常数。

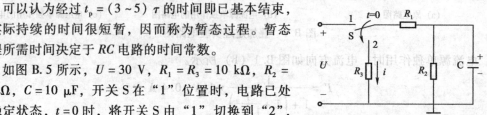

如图 B.5 所示，$U = 30$ V，$R_1 = R_3 = 10$ kΩ，$R_2 = 20$ kΩ，$C = 10$ μF，开关 S 在 "1" 位置时，电路已处于稳定状态，$t = 0$ 时，将开关 S 由 "1" 切换到 "2"，试分析 $u_C(t)$ 的变化。

图 B.5　RC 一阶电路暂态过程电路图

$$u_C(t) = u_C(0_+) e^{-\frac{t}{\tau}} \qquad u_C(0_+) = u_C(0_-) = \frac{R_2}{R_1 + R_2} U = 20 \text{ V}$$

$$\tau = RC = [R_2 // (R_1 + R_3)] C = 10 \times 10^3 \times 10 \times 10^{-6} \text{ s} = 0.1 \text{ s} \qquad u_C(t) = 20 e^{-\frac{t}{\tau}} = 20 e^{-10t} \text{ V}$$

4. RLC 串联二阶电路暂态过程的仿真分析

RLC 串联二阶电路可以分为 3 种不同情形进行分析和讨论。

第一种情形：$R < 2\sqrt{\dfrac{L}{C}}$，此时响应是振荡性的，称为欠阻尼状态。电路中通过调整电阻 R 的阻值使条件得以满足。

第二种情形：$R > 2\sqrt{\dfrac{L}{C}}$，此时响应是非振荡性的，称为过阻尼状态。电路中通过调整电阻 R 的阻值使条件得以满足。

第三种情形：$R = 2\sqrt{\dfrac{L}{C}}$，此时响应是临界振荡性的，称为临界阻尼状态。电路中通过调整电阻 R 的阻值使条件得以满足。

5. 正弦稳态电路的仿真分析

如图 B.6 所示的 RLC 串并联的交流电路，已知 $R = R_1 = R_2 = 10$ Ω，$L = 31.8$ mH，$C = 318$ μF，

$f=50$ Hz，$U=10$ V，试求并联支路端电压 U_{ab}。

由题设知 $\omega = 2\pi f = 2\pi \times 50$ Hz $= 314$ rad/s

则感抗 $X_L = \omega L = 314 \times 31.8 \times 10^{-3}$ Ω $= 10$ Ω；容抗 $X_C = \dfrac{1}{\omega C}$

$= \dfrac{1}{314 \times 318 \times 10^{-6}}$ Ω $= 10$ Ω；

则两并联支路的等效阻抗

$$Z_{ab} = \frac{(R_1 + jX_L)(R - jX_C)}{(R_1 + jX_L) + (R - jX_C)} = \frac{(10 + j10)(10 - j10)}{(10 + j10) + (10 - j10)} \text{ V}$$

$$= 10\angle 0° \text{ V}$$

设 $\dot{U} = U\angle 0° = 10\angle 0°$ V，$\dot{I} = \dfrac{\dot{U}}{Z} = \dfrac{10\angle 0°}{20\angle 0°}$ A $= 0.5\angle 0°$ A

则 $U_{ab} = I|Z_{ab}| = (0.5 \times 10)$ V $= 5$ V

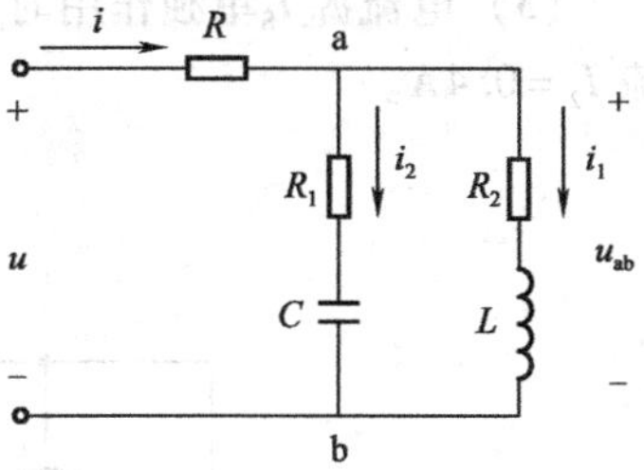

图 B.6　单相正弦交流电路电路图

三、仿真结果

1. 叠加定理的仿真分析

（1）电流源 I_S 和电压源 U_S 共同作用时，此时电源电路均正常接入电路，如图 B.7 所示，流经电阻 R_2 上的电流 $I_2 = -0.4$ A。

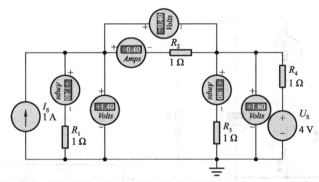

图 B.7　不同种类电源作用下叠加原理验证电路 Proteus 仿真图

（2）电压源 U_S 单独作用时，此时电流源电路开路，如图 B.8 所示，流经电阻 R_2 上的电流 $I_2 = -0.8$ A。

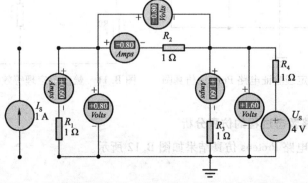

图 B.8　电压源单独作用下叠加原理验证电路 Proteus 仿真图

（3）电流源 I_S 单独作用时，此时电压源电路短路，如图 B.9 所示，流经 R_2 电阻上的电流 $I_2 = 0.4\text{A}$。

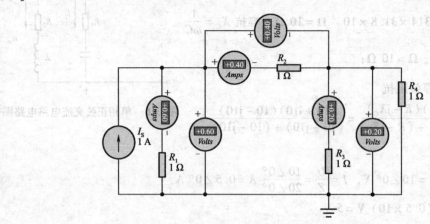

图 B.9   电流源单独作用下叠加定理验证电路 Proteus 仿真图

2. 戴维宁定理

戴维宁定理验证电路 Proteus 仿真结果如图 B.10 所示。戴维宁定理等效电路 Proteus 仿真结果如图 B.11 所示。

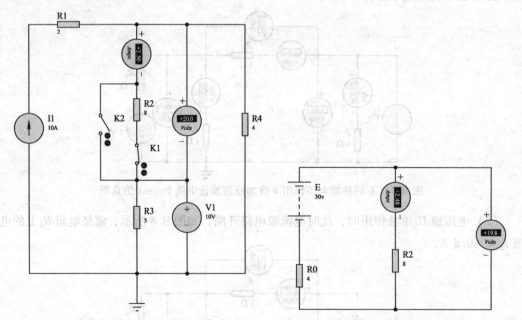

图 B.10   戴维宁定理验证电路 Proteus 仿真图   图 B.11   戴维宁定理等效电路 Proteus 仿真图

3. RC 一阶电路暂态过程的仿真分析

RC 零状态响应电路 Proteus 仿真结果如图 B.12 所示。

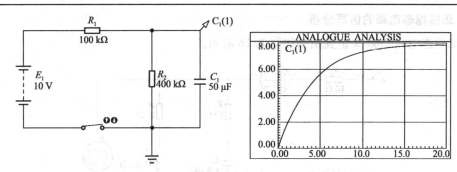

图 B.12 *RC* 零状态响应电路 Proteus 仿真结果

4. *RLC* 串联二阶电路暂态过程的仿真分析

（1）欠阻尼状态电路连接图及仿真结果如图 B.13 所示。

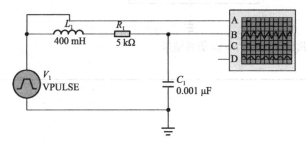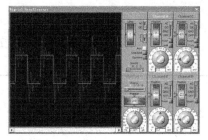

图 B.13 二阶 RLC 欠阻尼状态电路连接图及仿真结果

（2）过阻尼状态电路连接图及仿真结果如图 B.14 所示。

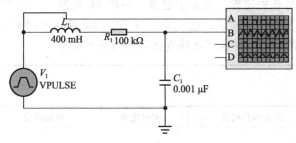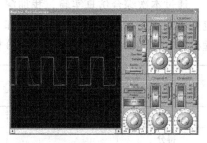

图 B.14 二阶 *RLC* 过阻尼状态电路连接图及仿真结果

（3）临界阻尼状态电路连接图及仿真结果如图 B.15 所示。

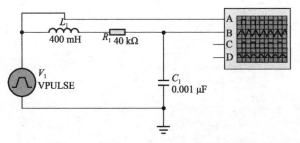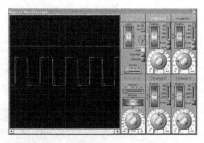

图 B.15 二阶 *RLC* 临界阻尼状态电路连接图及仿真结果

5. 正弦稳态电路的仿真分析

正弦稳态电路 Proteus 仿真结果如图 B.16 所示。

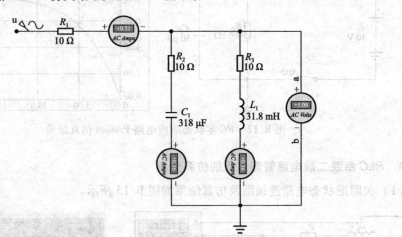

图 B.16　正弦稳态电路 Proteus 仿真结果

四、误差分析

略

五、对本实验的学习心得、意见和建议

通过本次综合仿真实验，我加深了对叠加定理、戴维宁定理、一阶 RC 电路、二阶 RC 电路以及正弦稳态电路的工作过程和工作特性的理解，进一步了解了实际电路运行结果与理论计算之间的关系，掌握了仿真分析的技巧，并为元器件连接实验做好了准备。

六、成绩评定

考核项目	实验预习情况	实验操作情况	实验报告	成绩评定
得分				

指导教师签字：

仿真电路中常用图形符号	国家标准符号

参 考 文 献

[1] 秦曾煌. 电工学：上、下册［M］. 7版. 北京：高等教育出版社，2009.

[2] 童诗白，华成英. 模拟电子技术基础［M］. 3版. 北京：高等教育出版社，2001.

[3] 李毅，谢松云. 数字电子技术实验［M］. 西安：西北工业大学出版社，2009.

[4] 朱清慧. Proteus 电子技术虚拟模拟实验室［M］. 北京：中国水利水电出版社，2010.

[5] 周润景，蔡雨恬. Proteus 入门实用教程［M］. 2版. 北京：机械工业出版社，2011.

[6] 吴建强. 电工学新技术实践［M］. 2版. 北京：机械工业出版社，2009.

[7] 路勇. 电子电路实验及仿真［M］. 2版. 北京：清华大学出版社，北京交通大学出版社，2010.

[8] 赵明. 电工学实验教程［M］. 2版. 哈尔滨：哈尔滨工业大学出版社，2016.

[9] 赵明. Proteus 电工电子仿真技术实践［M］. 哈尔滨：哈尔滨工业大学出版社，2015.

[10] 程国钢，杨后川. Proteus 原理图设计与电路仿真就这么简单［M］. 北京：电子工业出版社，2014.

[11] 许维蓥，郑荣焕. Proteus 电子电路设计及仿真［M］. 2版. 北京：电子工业出版社，2014.

[12] 张玲霞. 电工电子实验教程［M］. 哈尔滨：哈尔滨工业大学出版社，2011.

[13] 孟贵华，孟钰宇. 电子元器件选用快速入门［M］. 北京：机械工业出版社，2009.

[14] 李长霞. 电工学实验与测量［M］. 西安：西安电子科技大学出版社，2015.

[15] 张维. 模拟电子技术实验［M］. 北京：机械工业出版社，2015.

[16] 周素茵. 数字电子技术实验教程［M］. 北京：清华大学出版社，2014.

[17] 姚彬. 电子元器件与电子实习实训教程［M］. 北京：机械工业出版社，2011.

[18] 张玉茹. 数字逻辑电路设计［M］. 哈尔滨：哈尔滨工业大学出版社，2016.